HITE 6.0
培养体系

HITE 6.0全称厚溥信息技术工程师培养体系第6版，是武汉厚溥企业集团推出的"厚溥信息技术工程师培养体系"，其宗旨是培养适合企业需求的IT工程师，该体系被国家工业和信息化部人才交流中心鉴定为国家级计算机人才评定体系，凡通过HITE课程学习成绩合格的学生将获得国家工业和信息化部颁发的"全国计算机专业人才证书"，该体系教材由清华大学出版社全面出版。

HITE 6.0是厚溥最新的职业教育课程体系，该职业体系旨在培养移动互联网开发工程师、智能应用开发工程师、企业信息化应用工程师、网络营销技术工程师等。它的独特之处在于每年都要根据技术的发展进行课程的更新。在确定HITE课程体系之前，厚溥技术中心专业研究员在IT领域和一些非IT公司中进行了广泛的行业调查，以了解他们在目前和将来的工作中会用到的数据库系统、前端开发工具和软件包等应用程序，每个产品系列均以培养符合企业需求的软件工程师为目标而设计。在设计之前，研究员对IT行业的岗位序列做了充分的调研，包括研究从业人员技术方向、项目经验和职业素质等方面的需求，通过对面向学生的自身特点、行业需求与现状以及实施等方面的详细分析，结合厚溥对软件人才培养模式的认知，按照软件专业总体定位要求，进行软件专业产品课程体系设计。该体系集应用软件知识和多领域的实践项目于一体，着重培养学生的熟练度、规范性、集成和项目能力，从而达到预定的培养目标。整个体系基于ECDIO工程教育课程体系开发技术，可以全面提升学生的价值和学习体验。

一、移动互联网开发工程师

在移动终端市场竞争下，为赢得更多用户的青睐，许多移动互联网企业将目光瞄准在应用程序创新上。如何开发出用户喜欢并带来巨大利润的应用软件，成为企业思考的问题，然而这一切都需要移动互联网开发工程师来实现。移动互联网开发工程师成为求职市场的宠儿，不仅薪资待遇高，福利好，更有着广阔的发展前景，倍受企业重视。

移动互联网企业对Android和Java开发工程师需求如下：

已选条件：	Java(职位名)	Android(职位名)
共计职位：	共51014条职位	共18469条职位

1. 职业规划发展路线

Android				
★	★★	★★★	★★★★	★★★★★
初级Android 开发工程师	Android 开发工程师	高级Android 开发工程师	Android 开发经理	移动开发 技术总监

Java				
★	★★	★★★	★★★★	★★★★★
初级Java 开发工程师	Java 开发工程师	高级Java 开发工程师	Java 开发经理	技术总监

2. 素质能力提升路径

1 大学生	2 大学生活	3 学习习惯	4 职业目标	5 沟通表达	6 自我管理
12 准职业人	11 职业路线	10 求职技能	9 就业意识	8 融入团队	7 形象礼仪

3. 专业技能提升路径

1 大学生	2 计算机基础	3 编程基础	4 软件工程	5 数据库	6 网站技术
12 准职业人	11 产品规划	10 项目技能	9 高级应用	8 APP开发	7 基础应用

4. 项目介绍

(1) 酒店点餐助手

(2) 音乐播放器

二、智能应用开发工程师

随着物联网技术的高速发展，我们生活的整个社会智能化程度将越来越高。在不久的将来，物联网技术必将引起我国社会信息的重大变革，与社会相关的各类应用将显著提升整个社会的信息化和智能化水平，进一步增强服务社会的能力，从而不断提升我国的综合竞争力。智能应用开发工程师未来将成为热门岗位。

智能应用企业每天对.NET开发工程师需求约15957个需求岗位(数据来自51job)：

已选条件：	.NET(职位名)
共计职位：	共15957条职位

1. 职业规划发展路线

★	★★	★★★	★★★★	★★★★★
初级.NET 开发工程师	.NET 开发工程师	高级.NET 开发工程师	.NET 开发经理	技术总监
★	★★	★★★	★★★★	★★★★★
初级 开发工程师	智能应用 开发工程师	高级 开发工程师	开发经理	技术总监

2. 素质能力提升路径

1 大学生	2 大学生活	3 学习习惯	4 职业目标	5 沟通表达	6 自我管理
12 准职业人	11 职业路线	10 求职技能	9 就业意识	8 融入团队	7 形象礼仪

3. 专业技能提升路径

1 大学生	2 计算机基础	3 编程基础	4 软件工程	5 数据库	6 网站技术
12 准职业人	11 产品规划	10 项目技能	9 高级应用	8 智能开发	7 基础应用

4. 项目介绍

(1) 酒店管理系统

(2) 学生在线学习系统

三、企业信息化应用工程师

当前，世界各国信息化快速发展，信息技术的应用促进了全球资源的优化配置和发展模式创新，互联网对政治、经济、社会和文化的影响更加深刻，围绕信息获取、利用和控制的国际竞争日趋激烈。企业信息化是经济信息化的重要组成部分。

IT企业每天对企业信息化应用工程师需求约11248个需求岗位（数据来自51job）：

已选条件：	ERP实施(职位名)
共计职位：	共11248条职位

1. 职业规划发展路线

初级实施工程师	实施工程师	高级实施工程师	实施总监
信息化专员	信息化主管	信息化经理	信息化总监

2. 素质能力提升路径

1 大学生	2 大学生活	3 学习习惯	4 职业目标	5 沟通表达	6 自我管理
12 准职业人	11 职业路线	10 求职技能	9 就业意识	8 融入团队	7 形象礼仪

3. 专业技能提升路径

1 大学生	2 计算机基础	3 编程基础	4 软件工程	5 数据库	6 网站技术
12 准职业人	11 产品规划	10 项目技能	9 高级应用	8 实施技能	7 基础应用

4. 项目介绍

(1) 金蝶K3

(2) 用友U8

四、网络营销技术工程师

在信息网络时代，网络技术的发展和应用改变了信息的分配和接收方式，改变了人们生活、工作、学习、合作和交流的环境，企业也必须积极利用新技术变革企业经营理念、经营组织、经营方式和经营方法，搭上技术发展的快车，促进企业飞速发展。网络营销是适应网络技术发展与信息网络时代社会变革的新生事物，必将成为跨世纪的营销策略。

互联网企业每天对网络营销工程师需求约47956个需求岗位(数据来自51job):

已选条件:	网络推广SEO(职位名)
共计职位:	共47956条职位

1. 职业规划发展路线

网络推广专员	网络推广主管	网络推广经理	网络推广总监
网络运营专员	网络运营主管	网络运营经理	网络运营总监

2. 素质能力提升路径

1 大学生	2 大学生活	3 学习习惯	4 职业目标	5 沟通表达	6 自我管理
12 准职业人	11 职业路线	10 求职技能	9 就业意识	8 融入团队	7 形象礼仪

3. 专业技能提升路径

1 大学生	2 计算机基础	3 编程基础	4 网站建设	5 数据库	6 网站技术
12 准职业人	11 产品规划	10 项目实战	9 电商运营	8 网络推广	7 网站SEO

4. 项目介绍

(1) 品牌手表营销网站

(2) 影院销售网站

HITE 6.0 软件开发与应用工程师

工信部国家级计算机人才评定体系

使用 HTML 设计商业网站

武汉厚溥教育科技有限公司　编著

清华大学出版社

北　京

内 容 简 介

本书按照高等院校、高职高专计算机课程基本要求,以案例驱动的形式来组织内容,突出计算机课程的实践性特点。本书共包括 9 个单元:认识 HTML5 及开发工具介绍、HTML 中表格和表单的应用、应用 CSS 样式美化网页、基于 DIV+CSS 的网页布局与定位、应用 CSS 布局网页和 HTML 列表、应用 CSS 设置链接和导航菜单、HTML 中框架的应用、应用 DIV+CSS 设计商业网站(PC 端)、应用 DIV+CSS 设计商业网站(移动端)。

本书可作为各类高等院校、高职高专及培训机构的教材,也可供广大程序设计人员参考。

图书在版编目(CIP)数据

使用 HTML 设计商业网站 / 武汉厚溥教育科技有限公司 编著. —北京:清华大学出版社,2018(2024.9 重印)

(HITE 6.0 软件开发与应用工程师)

ISBN 978-7-302-51211-0

I. ①使… II. ①武… III. ①超文本标记语言—程序设计 ②商业—网站—基本知识 IV. ① TP312.8 ②F713.361.2

中国版本图书馆 CIP 数据核字(2018)第 211787 号

责任编辑:刘金喜
封面设计:王 晨
版式设计:孔祥峰
责任校对:成凤进
责任印制:杨 艳

出版发行:清华大学出版社
    网 址:https://www.tup.com.cn, https://www.wqxuetang.com
    地 址:北京清华大学学研大厦 A 座   邮 编:100084
    社 总 机:010-83470000   邮 购:010-62786544
    投稿与读者服务:010-62776969, c-service@tup.tsinghua.edu.cn
    质 量 反 馈:010-62772015, zhiliang@tup.tsinghua.edu.cn
印 装 者:三河市龙大印装有限公司
经 销:全国新华书店
开 本:185mm×260mm 印 张:14.5 彩 插:2 字 数:344 千字
版 次:2018 年 9 月第 1 版 印 次:2024 年 9 月第 13 次印刷
定 价:69.00 元

产品编号:080332-01

编委会

主　编：

　　翁高飞　王　敏

副主编：

　　张卫婷　曹　征　陈　勇　谢厚亮

编　委：

　　屈　毅　赵小华　师　哲　魏　迎
　　张青青　唐　菲　李凌霄　朱　盼
　　刘　烨　李阿红

主　审：

　　王　超　张江城

前言

　　在万维网(WWW)上，一个超媒体文档称为一个页面(Page)，一个组织或者个人在万维网上放置开始点的页面称为主页或首页(Homepage)。主页中通常包含有指向其他相关页面或节点的超级链接(指针)。所谓超级链接，就是一种统一资源定位器(Uniform Resource Locator，URL)指针，通过激活(单击)它，可以方便地获取新的网页，这也是超文本标记语言(HTML)获得广泛应用的最重要的原因之一。在逻辑上将视为一个整体的一系列页面的有机集合称为网站(Website 或 Site)。HTML 是为创建网页和其他可在网页浏览器中看到的信息而设计的一种标记语言。本书全面揭示了 HTML 和层级样式表(CSS)的秘密，掌握了这些秘诀，就可以创建专业级的交互式网页和强大的应用程序，并能用各种方式随心所欲地与 Web 进行交互。

　　本书是"工信部国家级计算机人才评定体系"中的一本专业教材。"工信部国家级计算机人才评定体系"是由武汉厚溥教育科技有限公司开发，以培养符合企业需求的软件工程师为目标的 IT 职业教育体系。在开发该体系之前，我们对 IT 行业的岗位序列做了充分的调研，包括研究从业人员技术方向、项目经验和职业素质等方面的需求，通过对所面向学生的特点、行业需求的现状以及实施等方面的详细分析，结合我公司对软件人才培养模式的认知，按照软件专业总体定位要求，进行软件专业产品课程体系设计。该体系集应用软件知识和多领域的实践项目于一体，着重培养学生的熟练度、规范性、集成和项目能力，从而达到预定的培养目标。

　　本书共包括 9 个单元：认识 HTML5 及开发工具介绍、HTML 中表格和表单的应用、应用 CSS 样式美化网页、基于 DIV+CSS 的网页布局与定位、应用 CSS 布局网页和 HTML 列表、应用 CSS 设置链接和导航菜单、HTML 中框架的应用、应用 DIV+CSS 设计商业网站(PC 端)、应用 DIV+CSS 设计商业网站(移动端)。

　　我们对本书的编写体系做了精心的设计，按照"理论学习—知识总结—上机操作—课后习题"这一思路进行编排。"理论学习"部分描述通过案例所要达到的学习目标与涉及的相关知识点，使学习目标更加明确；"知识总结"部分概括案例所涉及的知识点，使知识点完整系统地呈现；"上机操作"部分对案例进行了详尽分析，通过完整的步骤帮助读者快速掌握该案例的操作方法；"课后习题"部分帮助读者理解章节的知识点。本书在内容编写方面，力求细致全面；在文字叙述方面，注意言简意赅、重点突出；在案例选取方面，强调案例的针对性和实用性。

本书凝聚了编者多年来的教学经验和成果，可作为各类高等院校、高职高专及培训机构的教材，也可供广大程序设计人员参考。

本书由武汉厚溥教育科技有限公司编著，由翁高飞、张登勇、刘军、陈彧、罗秋菊等多名企业实战项目经理编写。本书编者长期从事项目开发和教学实施，并且对当前高校的教学情况非常熟悉，在编写过程中充分考虑到不同学生的特点和需求，加强了项目实战方面的教学。本书编写过程中得到了武汉厚溥教育科技有限公司各级领导的大力支持，在此对他们表示衷心的感谢。

参与本书编写的人员还有：荆州职业技术学院的方风波、钱亮，长沙民政职业技术学院的唐伟奇，武汉工程职业技术学院的向文娟，湖南机电职业技术学院的张澧生，湖北三峡职业技术学院的李建利、乔俊、邹莺、吕陵、刘建荣，柳州城市职业学院的朱孟伟等。

限于编写时间和编者的水平，书中难免存在不足之处，希望广大读者批评指正。

服务邮箱：wkservice@vip.163.com

编　者

2018 年 6 月

目 录

单元 一

认识 HTML5 及开发工具介绍

 课程目标

▶ 了解 Internet
▶ 了解 HTML 的发展历史
▶ 了解 HTML 语言的特点
▶ 掌握 HTML 的文档结构
▶ 熟悉 HBuilder 界面
▶ 掌握 HTML 常用标签及 HTML5 新增标签

 **简 介**

我们在网上冲浪时，会欣赏到很多制作精美的网页，在羡慕的同时，你想亲手制作网页吗？你想让自己制作的网页功能更强大吗？

HTML(HyperText Markup Language,超文本标记语言)就是制作这些精美网页的基本语言。所谓超文本，是因为它可以加入图片、声音、动画、影视等内容。事实上，每一个 HTML 文档都是一个静态的网页文件，这个文件里包含了 HTML 指令代码，这些指令代码并不是一种程序语言，它只是一种排版网页中资料显示位置的标记结构语言，易学易懂，非常简单。HTML 的普遍应用带来了超文本的技术——通过单击从一个主题跳转到另一个主题，从一个页面跳转到另一个页面，与世界各地主机中的文件链接。

HTML 是一种应用于网页文档(文件)的标记语言，用它编写的文件的扩展名是".html"或".htm"，可以使用 IE 等浏览器将其打开。HTML 并没有严格的计算机语法结构，因此 HTML 语言其实只是一种标识符，即 HTML 文件是由 HTML 标记符号系统组成的代码集合。

HBuilder 则是一款专业的网页编辑工具，利用它可以设计网页、开发网站，并可编辑 Web 应用程序。

1.1 HTML5 概述

1.1.1 HTML5 发展历史

1. Internet 简介

世界各地的个人计算机、小型机、中型机、大型机和专用服务器连接在一起，形成无数个局域网。以此为基础，无数个局域网互相连接在一起，成为一个全球性的、统一的网络，这就是 Internet。

Internet 中的 WWW 网，也称为"环球信息网"或"万维网"，人们也常简称为 3W，外国人称它为 W3 或 Web，它是在因特网上检索和浏览超媒体信息的一种信息查询工具。所谓超媒体信息，是指超文本和多媒体信息的结合，即文本、声音、图像、动画、视频等信息。

WWW 服务器都安装 TCP/IP 协议，服务器上的所有信息都用 HTML(超文本标记语言)来描述，其文档由文本、格式化代码以及与其他文档的链接组成。其中超媒体链接使用的是 URL(统一资源定位器)，URL 用来定位检索 WWW 上任何地方的信息资源。当用户在浏览器内输入网址后，经过 WWW 服务器计算，网页的内容会被传送到用户的计算机内，由浏览器将这些内容翻译成图文并茂的网页。URL 的第一部分一般为"http://"，表示超文本传送协议，它支持超媒体信息的传送方式。URL 的第一部分也可以是 FTP、WAIS、

Gopher、Telnet、BBS、News、E-mail、Whois 等协议。

在 WWW 网上，我们可以立即把全球任何一个 WWW 服务器上的信息调过来，可以浏览到文本、图像、声音、动画等信息，不仅图文并茂，而且具有非常友好的用户操作界面和查询方式。在 WWW 网上，用户操作也相当简单，只要会使用鼠标即可浏览，甚至用鼠标单击一下就可以把所需的软件、文本、图像、声音、动画、视频等信息下载到自己的计算机上。

正是由于有了万维网和超链接技术，我们才能轻击鼠标便可连接到全世界任何一台万维网主机，从而浏览和获取无穷无尽的信息资源。正因如此，Internet 才变得如此神奇。

2. HTML

19 世纪 70 年代，美国哈佛大学的学生 Ted.Nelson 提出了一个极富创造性的构想：在全球建立一个信息网，在这个信息网上用户可以任意地选择其想要访问的信息资源，而不用关心这些信息的来源。为此，他还创建了一个术语——超文本。超文本具有极强的交互能力，用户只需单击文本中的字或词组，便可激发与其语意相关的新的信息流。因为超文本中的许多字或词都具有一个链接将其指向另一个文本，而后仍有链接指向下一个文本，所以只凭借词义或语意的关系即可供人们任意浏览。

这是一个迈向新技术挑战的构想，是人类向信息社会迈进时梦寐以求的目标。当年的构想随着世界计算机技术的飞速发展，如今已成为现实。

HTML 经过几十年的发展，从最初 1993 年 6 月作为互联网工程工作小组(IETF)工作草案发布(该草案不是标准版)，经历了 HTML2.0 版本、HTML3.2 版本、HTML4.0 版本、HTML4.01 版本，一直到 2014 年 10 月 28 日 W3C 推荐的标准版 HTML5 的发布，经过许多人的努力，HTML 一直在悄悄地改变着我们的生活，丰富着我们的生活。到目前为止，HTML 已经发展为比较成熟的 HTML5，在这个版本中，提供了一些新的元素和一些有趣的新特性，同时也建立了一些新的规则。这些元素、特性和规则的建立，提供了许多新的网页功能，如使用网页实现动态渲染图形、图表、图像和动画，以及不需要安装任何插件直接使用网页播放视频等。该版本规范更加完善，浏览器之间的兼容性也更加完美。企业开发也在加大对 HTML5 的使用。

1.1.2 HTML5 新特性

HTML5 和以往版本相比，新增了一些有趣的特性，这些特性使 HTML 页面功能更加强大，页面内容更加丰富。比如新的 DocType；用于绘画的 canvas 元素；用于媒介回放的 video 和 audio 元素；新的表单控件，如 calendar、date、time、email、url、search；新的特殊内容元素，如 nav、section、footer 等。这些新的特性，大家会陆续在后续章节中了解到。

1.1.3　HTML5 组织

HTML5 的开发主要由下面三个组织负责和实施。

WHATWG：HTML 标准自 1999 年 12 月发布 HTML4.01 版本后，后继的 HTML5 以及其他版本被束之高阁。为了推动 Web 标准化的形成，由来自 Apple、Mozilla、Google 和 Opera 等浏览器厂商的人员成立了一个叫 Web Hypertext Application Technology Working Group(Web 超文本应用技术工作组，WHATWG)的组织，该组织致力于 Web 表单和 APP 的开发，同时为各浏览器厂商以及其他有意向的组织提供开放式合作。

W3C：W3C(World Wide Web Consortium，万维网联盟)下辖的 HTML 工作组，该机构成立于 1994 年 10 月份，在麻省理工学院计算机科学实验室成立，是 Web 技术领域最具有权威和影响力的国际中立性技术标准机构，对互联网技术的发展和应用起到了基础性和根本性的支撑作用，目前主要负责发布 HTML5 规范。

IETF：IETF(因特网工程任务组)，这个任务组下辖 HTTP 等，是负责开发 Internet 协议的团队，HTML5 定义的一种新 API(WebSocket API)所依赖的 WebSocket 协议，就是由该组织负责开发的。

1.1.4　HTML5 构成

随着互联网的快速发展，HTML 也在迅速更新换代，HTML5 更是越来越让人们在 Web 端的体验达到了一个新的高度，HTML5 主要包括以下功能：

(1) HTML5 中出现新的<canvas>标记，不仅提供 Flash 相关的功能，而且加载网站视频的速度大幅上升，用户等待时间大大降低。

(2) HTML5 中出现新的<header>和<footer>标记，更加明晰了网站的结构，可以更快速地定位到这些位置，加大访问力度。

(3) HTML5 中出现本地数据这项功能，本功能加速了交互搜索、缓存以及索引功能。

(4) HTML5 中加入全新的表单元素，更方便我们管理网页等。

这些功能大大提高了可用性和用户的体验性，并且一些新增的标签有助于开发人员去定义一些重要的内容，给站点也带来了更多的多媒体元素(比如一些音频和视频)，使网页的可移植性也更好，这正如万维网联盟的首席执行官 Jeff Jaffe 博士所说：HTML5 将推动 Web 进入新的时代。不久以前，Web 还只是在网上看一些基础的文档，而目前，Web 是一个极大丰富的平台。我们已经进入一个稳定阶段，每个人都可以按照标准行事，并且可用于所有浏览器。

1.2　第一个入门网页

HTML 文档均用于在浏览器上显示，而支持 HTTP 的浏览器均为 Windows 式的图形用户接口(GUI)界面，因此，HTML 文档的基本结构是依据这一要求而设定的。一个 GUI 的视窗通常由标题栏和窗口体作为其最基本的构成，而 HTML 文档结构的"头"和"体"正应于这一要求。

对于刚刚接触超文本的朋友，遇到的最大障碍就是一些用"<"和">"括起来的句子，我们称它为标签，用于分隔和标识文本的元素，以形成文本的布局、格式及五彩缤纷的画面。标签通过指定某块信息为段落或标题等来标识文档的某个部件，属性是标签里的参数的选项。HTML 的标签分为成对标签和单独标签两种：成对标签由首标签<标签名>和尾标签</标签名>组成，成对标签的作用域只作用于这对标签中的文档；单独标签的格式为<标签名>，单独标签在相应的位置插入元素即可。

大多数标签都有自己的一些属性，属性要写在首标签内，属性用于进一步改变显示的效果，各属性之间无先后次序，属性是可选的，属性也可以省略而采用默认值。其格式如下：

<标签名 属性1=属性值1 属性2=属性值2 ……>

标签、属性不区分大小写。

我们把 HTML 的各种标记符放在"< >"内，例如<html>，表示该文档为 HTML 文档；<html>需要一个结束标签，即</html>，代表该 HTML 文档的结束。在<html>和</html>之间再放入各种标签，如<head>标签、<body>标签等，这样就组成了网页。

1.2.1 头部<head>…</head>

大家都学过英语，一定知道"头"的英文单词是什么。head，没错，在 HTML 里，我们也是用 head 来表示文档的头部，即<head>…</head>。

<head>标签对中可以包含文档的标题、文档使用的脚本、样式定义和文档名信息。浏览器希望从头部找到文档的补充信息。此外，<head>标签对中还可以包含搜索工具和索引程序所需的其他信息的标识。头部位于<html>和</html>之间。

例如：

```
<html>
<head>
</head>
</html>
```

 注意

标签对是一层一层嵌套的，各个标签对不能交叉放置。对于标准 HTML 来说，最外面一层是<html>和</html>标签对，其他标签对应放在它们之间。

1.2.2 标题<title>…</title>

不知道大家有没有注意到浏览器窗口最上边显示的文本信息，那些信息一般是网页的

"主题"。它通常会对当前网页做一个整体描述，说明当前网页的具体内容。眼睛是心灵的窗户，对于一个网页来说，它的眼睛就是网页标题(如图 1-1 所示)，它显示在网页标题栏上。

标题用英语怎么说呢？title，对了。同大家一样，网页的眼睛也是长在头部的。在<title>标签对内部放入你想要看到的文字，这样我们就能随意操纵标题栏的内容了，如下所示：

```
<html>
<head>
 <title>你好啊</title>
</head>
</html>
```

打开记事本，写入上面的代码，另存为 hello.html，然后双击这个网页文件，即可看到标题栏上显示的正是我们写在<title>标签中的内容，效果如图 1-2 所示。

图 1-1　网页标题视图

图 1-2　<title>标签效果图

1.2.3　元标签<meta>

在<head>标签对内部还可以嵌套另一个重要标签：<meta>(即 META 标签或元标签)。<meta>标签用来描述 HTML 网页文档的属性，例如作者、日期和时间、网页描述、关键词、页面刷新等。例如：

```
<meta http-equiv="Content-Type" content="text/html; charset=gb2312">
```

其作用是指定当前文档所使用的字符编码为 gb2312，也就是中文简体字符。根据这一行代码，浏览器就可以识别出这个网页应该用中文简体字符显示。类似地，如果将 gb2312 替换为 big5，那么网页就会以中文繁体的格式解释代码并显示。

顾名思义，http-equiv 相当于 http 文件的头，可以直接影响网页的传输，用于向浏览器提供一些说明信息，浏览器会根据这些说明做出相应处理。如设置页面刷新为：

```
<meta http-equiv="refresh" content="60">
```

该网页将会每 60 秒钟自动刷新一次。

若设置页面在一分钟后跳转到搜狐网，则为：

```
<meta http-equiv="refresh" content="60;url=http://www.sohu.com">
```

1.2.4 入门网页

通过学习头部<head></head>，标题<title></title>以及元标签<meta>，大家可以小试牛刀，做一个在页面上可以显示"世界，您好！！！"、标题为"hello world"的页面，并且 10 秒后可以跳转到百度主页的一个 html 文件。

页面内容如下：

```
<html><head>
<meta charset="utf-8" http-equiv="refresh" content="10;url=http://www.baidu.com" />
<title>hello world</title>
</head>
<body>
    世界，您好！！！
</body>
</html>
```

打开记事本，写入上面代码，另存为 hello_world.html 文档，然后通过 IE 浏览器打开该网页文件，即可看到标题栏上显示的正是我们写在<title>标签中的内容，而且网页上显示的是"世界，您好！！！"，如图 1-3 所示。

然后等 10 秒钟后，页面会跳转到百度主页，如图 1-4 所示。

图 1-3 网页标题和内容视图   图 1-4 网页跳转到百度主页

但是要注意：需要联网，这个网页才会在打开 10 秒钟后跳转到百度主页，否则会提示无法显示该页面，如图 1-5 所示。

图 1-5 网络未连接跳转主页

1.3 开发工具简介

1.3.1 使用记事本编辑器

记事本在 Windows 操作系统中是一个小应用程序,是目前应用非常广泛的对文字进行记录和存储的软件,自从 1985 年发布的 Windows 1.0 开始,所有的微软系统都会内置这个软件,以方便人们去记录一些生活、工作或者学习上的内容。因为记事本只能处理纯文本文件,而多种格式的源文件都是纯文本的,所以记事本也成了目前使用最多的源代码编辑器。该软件具备最基本的文本编辑功能,而且因为体积较小、启动速度较快、占用内存少、非常容易使用,所以一般都会作为最基本的文本编辑工具;但是此编辑器不具备编译功能,所以仍需要通过其他外部程序来处理。

选择"开始"|"所有程序"|"附件"|"记事本"命令,即可打开记事本进行一系列的编辑工作了。

通过这种方法我们可以轻易地打开一个新建的记事本,操作非常简单。HTML 文件的后缀名是.html,而不是以.txt 方式来命名的。

1.3.2 使用 EditPlus 编辑器

EditPlus 是一款功能强大的文字编辑器,支持多种语言的编辑,是由韩国 Sangil Kim 生产出来的一款可处理文本、HTML 和程序语言的超强功能编辑器,主要具备以下优势:

(1) 默认支持 HTML、CSS、C/C++、Java 等语法的高亮显示。

(2) 提供了与 Internet 的无缝连接,可通过该软件直接打开浏览器进行浏览。

(3) 提供了多个工作窗口,可同时打开多个文档进行操作。

(4) 可通过配置直接对 Java 程序进行编译执行操作,等等。

可以说 EditPlus 是一款非常适合初步学习 HTML 编辑的编辑器,该编辑器的界面如图 1-6 所示。

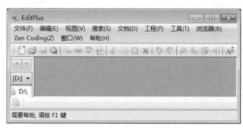

图 1-6　EditPlus 编辑器界面

通过该编辑器可进行 HTML 文件的编辑工作,选择"文件"|"新建"|"HTML 网页"命令,则会弹出如图 1-7 所示的窗口。

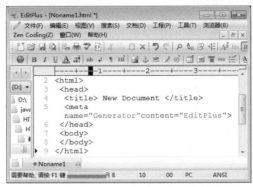

图 1-7 使用 EditPlus 新建 HTML 网页视图

新建的 HTML 文件已经包含了大家所需要的头信息、标题信息，以及<body>，减少了大家的编辑工作。

1.3.3 使用 sublime 编辑器

Sublime Text 代码编辑器是由一个叫 Jon Skinner 的程序员于 2008 年 1 月份开发出来的软件，具有漂亮的用户界面和强大的功能，可支持拼写检查、书签、完整的 Python API、Goto 功能；而且它还是一个跨平台的编辑器，可同时支持 Windows、Linux、Mac OS X 等操作系统，被很多用户所熟悉并使用。

Sublime Text 具有编辑状态恢复的能力，如果对一个文件进行了修改，但没有保存，当退出时，该软件不会询问是否要保存，因为当下次重新打开该软件时，会自动恢复退出前的编辑状态。

Sublime Text 具有良好的扩展功能，支持多行选择和编辑功能，可以实时搜索到相应的命令、选项、snippet 和 syntex，减少查找的麻烦，即时的文件切换可随意跳转到文件的任意位置。

由于 Sublime Text 具有代码高亮、语法提示、自动完成、反应快速的功能并支持扩展，因此编辑出的页面非常漂亮，相比于其他编辑器，这款软件在体验和功能上毫不逊色。

1.3.4 使用 Dreamweaver 编辑器

Adobe Dreamweaver 是一款专业的 HTML 编辑器，用于设计、编码，开发网站、网页和 Web 应用程序。

利用 Dreamweaver 中的可视化编辑功能，可以快速地创建页面而无须编写任何代码；可以查看所有站点元素或资源并将它们从易于使用的面板上直接拖曳到文档中；可以在 Fireworks 或其他图形应用程序中创建和编辑图像，然后将它们直接导入 Dreamweaver，或者添加 Flash 对象，从而优化开发工作流程。

Dreamweaver 还提供了功能全面的编码环境，其中包括代码编辑工具(例如代码颜色和标签完成)，有关 HTML、层叠样式表(CSS)、JavaScript、ColdFusion 标记语言(CFML)、

Microsoft Active Server Pages(ASP)和 Java Server Pages(JSP)的参考资料和 JavaScript 代码的智能提示。Dreamweaver 可自由导入导出 HTML，可导入手工编码的 HTML 文档而不会重新设置代码的格式，可以随后用首选的格式设置样式来重新设置代码的格式。

Dreamweaver 还可以使用服务器技术(例如 CFML、ASP.NET、ASP、JSP 和 PHP)生成由动态数据库支持的 Web 应用程序。

Dreamweaver 可以完全自定义。可以创建自己的对象和命令、修改快捷键，甚至编写 JavaScript 代码，用新的行为、属性检查器和站点报告来扩展 Dreamweaver 的功能。

总而言之，Dreamweaver 几乎可以满足用户对网页编辑及站点管理所需的各种功能，是一款非常专业的网页制作工具。

1.4 HBuilder 界面介绍

HBuilder 是由国内最大的无线中间件厂商、移动办公解决方案供应商及国内最主要的无线城市解决方案供应商 Dcloud(数字天堂)专为前端打造的开发工具，具有最全的语法库和浏览器兼容数据，能够非常方便地制作手机 App；并且为了大家的眼睛健康，专门添加了保护眼睛的绿柔设计，这是其他软件尚不具备的；它还支持 HTML、CSS、JavaScript、PHP 的快速开发，深受广大前端开发者的喜爱。下面我们来重点了解这一神奇软件。

在使用这款软件的时候我们会有非常强烈的一种体验，那就是"快"，"快"是 HBuilder 的最大优势，它通过完整的语法提示和代码输入法、代码块等，大幅提升了 HTML、JavaScript、CSS 的开发效率。

启动 HBuilder 工具步骤：双击 HBuilder 图标，选择"暂不登录"，即可进入 HBuilder 主界面，如图 1-8 所示。

图 1-8　HBuilder 主界面视图

1.4.1　文件菜单

在 HBuilder 编辑器中，使用最多的就是"文件"菜单，如图 1-9 所示，它的主要功能就是让我们方便地创建一些文件或工程项目，还能够导入导出一些文件工程、查看文件的位置以及进行一些保存和退出等操作。

图 1-9　HBuilder "文件"菜单视图

1.4.2　界面功能介绍

"工欲善其事，必先利其器。"挑选一个适合自己的编辑工具是第一步，想要做出一个漂亮的前端界面，我们还要清楚地知道该工具每个部分的功能是怎么样的。只有做到熟练使用，才能知道一个好的商业网站是怎样一步步开发出来的。下面我们就来简单介绍一下 HBuilder 主界面的各个区域的作用，如图 1-10 所示。

图 1-10　HBuilder 主界面功能介绍

HBuilder 界面共分为以下 4 大区域。

(1) 菜单工具栏：主要提供了一系列的菜单供用户创建文件以及更好地编辑、使用文件。

(2) 项目管理区域：该区域主要是方便用户去管理自己创建的项目，可以进行项目的新建、删除等操作。

(3) 项目编辑区域：该区域主要是进行项目的编辑工作。

(4) 快捷键区域：该区域都是一些快捷操作方式，用户可以使用这些快捷方式，快速操作该软件，不用频繁使用鼠标，速度更快，效率更高。

1.4.3　HBuilder 浏览器配置

如果我们在编辑 HTML 文件时，不想再去频繁地打开浏览器去浏览效果，可以直接在 HBuilder 软件中进行浏览器的配置，一键搞定，不用繁琐地在浏览器中输入文件的地址。

配置步骤如下：

(1) 选择"运行" | "运行配置"命令，即可出现如图 1-11 所示的配置对话框。

(2) 单击"+" 按钮，会弹出另一个对话框，如图 1-12 所示。

图 1-11　HBuilder 浏览器配置

图 1-12　添加外部浏览器

(3) 名称可以随便起，但是建议起一些有意义的名称。如果大家使用的浏览器是 IE，名称为 IE 即可；用的是谷歌，名称为 Chrome；用的火狐，名称命名为 Firefox；当然也可以自己随便起个名称，在这不做要求，自己知道使用的是什么浏览器就可以了。在"位置"框中添加所用的浏览器地址，在此就以谷歌为例，如图 1-13 所示。

图 1-13　HBuilder 中谷歌浏览器的配置

(4) 单击"确定"和"应用"按钮，浏览器就配置好了，以后再使用浏览器浏览页面时，只需直接单击工具栏中有浏览器标识的那个图标，就可以看到所编写 HTML 的页面效果，非常方便。

1.4.4　使用 HBuilder 新建一个网页

以上主要介绍了 HBuilder 的使用及浏览器的配置，接下来，大家可以使用 HBuilder 来创建一个新的网页。打开 HBuilder 软件，显示出主界面，然后去创建一个新的页面，其步骤如下：

(1) 选择"文件"|"新建"|"HTML 文件"命令，如图 1-14 所示。

图 1-14　新建 HTML 文件

(2) 此时会弹出一个对话框，如图 1-15 所示，修改 HTML 文件名称，在这里起名为"first_html.html"，然后单击"完成"按钮。

图 1-15　为 HTML 文件起名

(3) 编写 HTML 文件，title 可以起名为"HBuilder 编写的第一个 HTML 文件"，body 标签下写一行"欢迎来到 HBuilder 的世界，让你体会到飞一样的感觉……"，页面内容如下所示：

```
<!DOCTYPE html>
<html>
 <head>
      <meta charset="UTF-8">
      <title>HBuilder 编写的第一个 HTML 文件</title>
 </head>
      <body>
      欢迎来到 HBuilder 的世界，让你体会到飞一样的感觉……
 </body>
</html>
```

(4) 使用浏览器浏览已经编写的 HTML 文件，可以使用我们已经配置好的浏览器来进行浏览。选择"运行"| Chrome 命令或者直接单击工具栏中我们配置的 Chrome 浏览器图标，即可弹出浏览器页面，如图 1-16 所示。

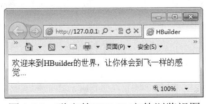

图 1-16　弹出的 HTML 文件浏览视图

如此，一个简单的 HTML 文件效果图就展示在大家面前了，直观且清晰。

1.5　在页面中添加 HTML 基本标签

在网页创作中，文字是最基本的元素之一。是否能够合理地把文字的大小、颜色等设置好，会直接影响浏览者对网站的印象。本节将讲解 HTML 的常见标签。

1.5.1 标题标签

在浏览网页时，常常会看到一些标题文字，用于对文本中的章节进行划分，它们以固定的字号显示。标题能分隔大段文字，概括下文内容，根据逻辑结构安排信息。

HTML 提供了六级标题，<h1>最大，<h6>最小，用户只需把文字放入这些标签内，由浏览器负责显示，如下所示。

示例 1-1：

```
<html>
<head>
    <title>标题标签</title>
</head>
<body>
    <h1>今天天气不错</h1>
    <h2>今天天气不错</h2>
    <h3>今天天气不错</h3>
    <h4>今天天气不错</h4>
    <h5>今天天气不错</h5>
    <h6>今天天气不错</h6>
</body></html>
```

效果如图 1-17 所示。

需要注意的是，每个标题独占一行，也就是说一行文字里面只能有一种标题。

1.5.2 段落级标签

在网页中要想把文字有条理地显示，离不开段落标记。在 HTML 中，段落使用<p>和</p>来表示。

<p></p>标记对用于创建一个段落，在此标记对之间加入的文本将按照段落的格式显示在浏览器上。另外，<p>标记还可以使用 align 属性，用于说明对齐

图 1-17　标题标签效果图

方式，语法是：<p align="">。align 可以是 Left(左对齐)、Center(居中)和 Right(右对齐)三个值中的任何一个。如<p align="Center"></p>表示标记中的文本使用居中的对齐方式，如下所示。

示例 1-2：

```
<html><head>
<title>段落标签</title>
</head>
<body>
```

```
<p align="center">卜算子·咏梅</p>
<p align="center">风雨送春归，飞雪迎春到。</p>
<p align="center">已是悬崖百丈冰，犹有花枝俏。</p>
<p align="center">俏也不争春，只把春来报。</p>
<p align="center">待到山花烂漫时，她在丛中笑。</p>
</body></html>
```

效果如图 1-18 所示。

图 1-18 段落标签效果图

注意 ......

结束标签</p>可以不写。下一个<p>标签的出现，就意味着上一个<p>段落的结束。

1.5.3 换行标签

换行标记用
来表示，它没有结束标记。它与段落标记的区别在于它仅表示换行，但是上下两行仍然为一个段落。例如，将上面的例子修改为如下所示。

示例 1-3：

```
<html>
<head>
<title>换行标签</title>
</head>
<body>
<p>卜算子·咏梅</p>
风雨送春归，飞雪迎春到。<br>
已是悬崖百丈冰，犹有花枝俏。<br>
俏也不争春，只把春来报。<br>
待到山花烂漫时，她在丛中笑。<br> </body>
</html>
```

效果如图 1-19 所示。

图 1-19 换行标签效果图

1.5.4　预排版标记

在网页创作中，一般是通过各种标记对文字进行排版的。但是在实际运用中，经常需要一些特殊的排版效果，这时使用标记控制往往比较麻烦。解决办法就是保留文本格式的排版效果，例如空格、制表符等。如果要保留原始的文本排版效果，则需要使用<pre>标记。

在<pre>与</pre>之间的文本在浏览器中生成的效果将会和我们编写时指定的格式完全一样。如需实现页面原来的效果，使用<pre>标签会变得很方便。

示例 1-4：

```
<html><head>
<title>pre 预排版标签</title></head>
<body>
<pre>
                    o
                o oo
              o o oo
             o o   oo
           o o      oo
          o o o o o oo
        o o         oo
       o o o         oooo
</pre>
</body>
</html>
```

保存后的打开效果如图 1-20 所示。

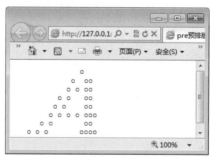

图 1-20　<pre>预排版标签效果图

1.5.5　文本格式化标签

在网页中，除了标题文字外，普通的文字信息更是不可缺少的，而各种各样的文字效果可以使网页更加丰富多彩。

在编辑网页时，可以直接在<body>和</body>之间输入文字，这再简单不过了。但是这样做完的网页，浏览起来混乱不堪：文字不分段落，也没有多彩的颜色。所以，输入好文字后，还要对文字进行格式化。

1. <b>标签

<b>标签可以使文字以粗体形式显示，如：

<b>该文本将以粗体显示</b>

2. <i>标签

<i>标签可以使文字以斜体形式显示，如：

<i>该文本将以斜体显示</i>

3. <u>标签

<u>标签可以使其内部文字加上下画线，如：

<u>该文本将以下划线显示</u>

4. <sup>标签

<sup>标签可以使其内部的文字比前方的文字高一些，并以更小的字体显示，如：

欢迎^{光临}

5. <sub>标签

<sub>标签可以使其内部的文字比前方的文字低一些，并以更小的字体显示，如：

欢迎_{光临}

下面演示这些文本格式化标签的效果。

示例 1-5：

```html
<html>
<head>
    <title>文本格式化标签</title>
</head>
<body>
    <p>
        <b>国风 周南 汉广</b></p>
    <p>
        南有乔木，不可<u>休息</u>。</p>
    <p>
        汉有游女，不可<i>求思</i>。</p>
    <p>
        汉之<sub>广矣</sub>，不可<sup>泳思</sup>。</p>
    <p>
        江之永矣，不可方思。</p>
</body>
</html>
```

效果如图 1-21 所示。

图 1-21　文本格式化标签效果图

1.5.6 列表

列表用于按逻辑方式对数据分组。常用的列表有以下三种。

- 无序列表；
- 有序列表；
- 自定义列表。

1. 无序列表(Unordered List)

所谓"无序列表"，当然是指各条列间并无顺序关系，纯粹只是利用条列式方法来呈现资料而已，此种无序标签，在各条列前面均有一符号以示间隔。无序列表使用<ul>标签来创建，用<li>表示列表中的每一项，如下所示。

示例 1-6：

```
<html>
<head>
    <title>无序列表</title>
</head>
<body>
    国际互联网提供的服务有：
    <ul>
        <li>WWW 服务</li>
        <li>文件传输服务</li>
        <li>电子邮件服务</li>
        <li>远程登录服务</li>
        <li>其他服务</li>
    </ul>
</body>
</html>
```

效果如图 1-22 所示。

前面的符号一定要是圆形的吗？不，我们可以加入 type="形状名称"属性来改变其符号形状，共有以下 3 个选择。

- disc(实心圆●)
- square(小正方形■)
- circle(空心圆○)

下面对示例 1-6 做一些改动，以改变外观，如下所示。

图 1-22　无序列表标签效果图

```
<ul type="circle">
```

效果如图 1-23 所示，看看发生了什么变化？

可以发现每一行的符号变成了空心圆。

也可以修改列表中每一项的样式，只需对<li>添加相应的 type 属性即可。

2. 有序列表(Ordered List)

"有序列表"是指各条列之间是有顺序的，从 1、2、3、…一直延伸下去。有序列表用<ol>来标记，列表中的每一项用<li>来标记。

图 1-23　无序列表符号改变效果图

和无序列表标签一样，我们也可以选择不同的符号来显示顺序，一样是用 type 属性来更改，共有以下 5 种符号。

- 1(数字);
- A(大写英文字母);
- a(小写英文字母);
- I(大写罗马数字);
- i(小写罗马数字)。

示例 1-7:

```
<html>
<head>
        <title>有序列表</title>
</head>
<body>
        国际互联网提供的服务有:
        <ol type="1">
                <li>WWW 服务</li>
                <li>文件传输服务</li>
                <li>电子邮件服务</li>
                <li>远程登录服务</li>
                <li>其他服务</li>
        </ol>
</body>
</html>
```

显示效果如图 1-24 所示。

如果要把所有或部分项目编号显示为大写罗马数字，只需要修改<ol>或<li>的 type 属性值为 I。

也可以改变第一行的编号值，只需添加 start 属性。例如，把上例中的<ol type="1">改为:

```
<ol type="1" start ="11">
```

再来观看网页，会发现每一项的编号变成了11、12、…

图 1-24　有序列表标签效果图

3. 自定义列表(Definition List)

自定义列表用于对列表条目进行简短说明，用<dl>开始，列表条目用<dt>引导，说明用<dd>引导，如示例 1-8 所示。

示例 1-8：

```
<!DOCTYPE html>
<head>
    <meta charset="utf-8">
    <title>测试</title>
</head>
<body>
    <dl>
        <dt>WWW
        <dd>World Wide Web，万维网
        <dt>URL
        <dd>Uniform Resource Locations，统一资源定位符
        <dt>HTTP
        <dd>Hyper Text Mark-up Language，超文本标记语言
        </dl>
</body>
</html>
```

效果如图 1-25 所示。

各种列表之间可以互相嵌套，每嵌套一层，列表条目的输出就会有更大的缩进。

图 1-25　自定义列表测试效果图

1.5.7　设置文本字体

<font>标签可以用来给文本设置字体、大小、颜色等。使用方法如下所示：

```
<font color=" " size=" " face=" ">文字内容</font>。
```

size 属性值一共有 7 种，从<font size=1>(最小)到<font size=7>(最大)。另外，还有一种写法为<font size=+1>文字内容</font>，其含义为：比预设字大一级。当然也可以写为 font size=+2(比预设字大二级)，或是 font size=-1(比预设字小一级)。一般而言，预设字体为 3。

若要给字体设置颜色，需要使用 font 标签的 color 属性，color 值可以是英文颜色单词或者十六进制数值。

face 属性可以给文字设置字体，但前提是浏览者要安装了这种字体，否则将以浏览者系统上的默认字体显示。

示例 1-9：

```
<!DOCTYPE html>
<head>
```

```
<meta charset="utf-8">
<title>测试</title>
</head>
<body>
<p>
<font size="1">字体一 </font> <font size="-2"> 字体一</font>
<p>
<font size="2">字体二 </font> <font size="-1"> 字体二</font>
<p>
<font size="3">字体三 </font> <font size="+0"> 字体三</font>
<p>
<font size="4">字体四 </font> <font size="+1"> 字体四</font>
<p>
<font size="5">字体五 </font> <font size="+2"> 字体五</font>
<p>
<font size="6">字体六 </font> <font size="+3"> 字体六</font>
<p>
<font size="7" color="#0000FF">字体七 </font>
<font size="+4" color="blue" face="隶书"> 字体七</font>
</body>
</html>
```

示例 1-9 用两种方式设置了字体大小，将"字体七"的颜色设置为蓝色，并给最后一个"字体七"设置了隶书字体，效果如图 1-26 所示。

<font>标签虽然可以控制文本的大小、颜色，但局限性太大，例如，只能把文字大小分为 7 个等级。在实际运用中，一般都是通过 CSS 样式表来实现对文本的控制的(见第 6 章)。

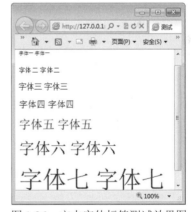

图 1-26　文本字体标签测试效果图

1.5.8　插入图片

在网页中也可以随意插入图片，需要使用的标签为<img>。

<img>标签的属性较多，简单表示如下：

<img src="图片位置" height="高度" width="宽度" alt="说明文字" align="对齐">

src 属性指明图片的位置，可采取绝对路径或者相对路径。路径及图片名尽量不要出现中文字符。

height、width 决定图片在网页上显示的大小。例如，一张图片的大小为 100×100，可以将这两个属性分别设置为 50，这样在网页上显示的效果就是一张 50×50 大小的图片。当然，我们不推荐这么做，在做网站时，应该先把图片等素材准备好。如果不设置 height、width 属性，网页将会以图片的默认大小显示。

当我们浏览网页时，有时图像会由于网络的原因无法显示，会发现在图片的位置显示了一些文字，用以对图片进行说明。这就是alt属性的作用了，让浏览者知道这个图片究竟是干什么用的。

align属性用于设置对齐，决定图片在包含它的容器中的对齐方式。

此外，还可以指定文本与图像的距离。文本与图像的间距用vspace=#，hspace=#指定，#表示整数，单位是像素。前者指定纵向间距，后者指定横向间距。

示例1-10：

```html
<!DOCTYPE html><head>
    <meta charset="utf-8">
    <title>测试</title>
</head>
<body>
    <img src="images/sanya.JPG" width="300" height="300" alt="三亚旅游" align="middle">在图片中
    间显示
</body>
</html>
```

效果如图1-27所示。

从图1-27可以看到，文字相对于图片是上下居中显示的。若图片无法显示，就会出现说明文字"三亚旅游"。

1.5.9 插入特殊符号

某些字符在HTML中有特殊的含义，例如"<"、">"等。如果我们想在网页上显示这些符号，就不能简单地输入"<"、">"，因为它们会被解释为标

图1-27 插入图片标签测试效果图

签的开始或结束。例如，想在页面上显示"<font>"，如果直接输入就会被浏览器认为是标签，这时候就要使用它们的转义码。常用的转义码及其对应的符号如表1-1所示。

表1-1 常用的转义码及其对应的符号

特 殊 字 符	转 义 码	示 例
大于(>)	> 或 >	if(a>b) return a;
小于(<)	< 或 <	if(a<0) return 0; <font>
&	& 或 &	张三&李四出国了
引号(")	&quot;	"条条大路通罗马"
空格		欢 迎 光 临
元(￥)	&yen;	
版权(©)	&copy;	©版权所有
注册商标(®)	&reg;	

需要注意以下几点：

- 转义序列的各字符间不能有空格。
- 转义序列必须以";"结束。
- 单独的&不被认为是转义开始。
- 区分大小写。

1.5.10 插入横线

横线一般用于分隔同一 HTML 文档的不同部分。在窗口中画一条横线非常简单，只要写入<hr>即可，写法如下：

```
<hr width="50%" size="10" align="center" color="#0033FF">
```

其中 width 指长度，可以用占页面长度的百分比，或者以数字来固定横线长度。

size 指横线高度，以像素为单位。

align 指在页面里是如何对齐的，可以有左、中、右三种对齐方式。

color 定义横线的颜色。

此外，还可以添加 noshade 属性来规定横线有没有阴影。

示例 1-11：

```
<hr width="50%" align="center" color="red">
```

页面上的显示效果如图 1-28 所示。

图 1-28 插入横线<hr>标签效果图

如果想让线的长度随页面而改变，以保持占页面长度的 50%，可以采用"width=数字"来固定长度。

1.5.11 添加多媒体元素

多媒体是现代网站的必备元素，有了它网站会变得更漂亮，更能吸引用户。添加了多媒体的网站从视觉、听觉及操作性上会让用户全面地感觉到华丽和实用。

下面介绍几种多媒体元素的添加方法。

1. 滚动文字

利用<marquee>标签可以让文字在网页上动态滚动。

(1) 基本滚动：<marquee> ... </marquee>。

```
<marquee>我从右跑到左，不会停止</marquee>
```

默认情况下，文字将一遍一遍地从页面右边向左边滚动。

(2) 方向：<marquee direction=#>。 #可以是 left、right。

```
<marquee direction=left>我从右向左移！</marquee> <p>
<marquee direction=right>我从左向右移！</marquee>
```

(3) 方式：<marquee behavior=#>。 #可以是 scroll、slide、alternate。

```
<marquee behavior=scroll>我一遍一遍往左走！</marquee> <P>
<marquee behavior=slide>我只走一次就停了！</marquee> <P>
<marquee behavior=alternate>我从右到左，再从左到右走！</marquee>
```

(4) 循环：<marquee loop=#>。#代表次数，若未指定则一直循环。width 指滚动范围的长度；若要设置高度，则用 height 属性。

```
<marquee loop=3 width=50% behavior=alternate>我只走 3 趟！</marquee>
```

(5) 速度：<scrollamount=#>。指滚动速度。

```
<marquee scrollamount=20>我走得好快啊！</marquee>
```

(6) 延时：<scrolldelay=#>。指文字滚动间隔，scrolldelay 值的单位是毫秒。

```
<marquee scrolldelay=500 scrollamount=100>我走一步，停一停！</marquee>
```

还有一些属性，如 align 设置对齐，可以为 top、middle、bottom 等；而 hspace=数值、vspace=数值，则用来设置滚动文字与周围元素的间距。

2. 背景音乐

使用 bgsound 标签可以给网页设置背景音乐。音乐通常可以为 mid、mp3 等格式。格式类似于：

```
<bgsound src="jy001.mid" loop=3>
```

设置好音乐的路径和循环次数，打开页面后就可以听到动人的音乐了。如果没写 loop 属性或 loop 设置为-1，则代表无限次循环播放音乐。

1.6　HTML5 新增标签

自 1999 年以后 HTML4.01 已经改变了很多，但是今天，随着 HTML5 的风行，HTML4.01 中的一些元素或标签在 HTML5 中已经被废弃或重新定义，而且为了更好地适应现代人对互联网的需求，在 HTML5 中添加了很多新的元素以及功能。比如定义独立内容的<article>标签、定义声音内容的<audio>标签、定义图形的<canvas>标签、调用命令的<command>标签、定义公历时间或日期的<time>标签、定义视频的<video>标签等，这些标签极大地丰富了网页的内容，也使我们的体验度大大提高。

1.6.1　<article>标签

<article>标签主要是用来定义一些来自外部的内容，比如论坛帖子、报纸文章、博客条目、用户评论等内容，通常大家看到的内容并不是对应本网站的一个具体的页面，它是可以被外部独立引用的内容。

示例 1-12：

```
<html>
<head>
<meta charset="UTF-8">
    <title>article 标签定义独立的内容</title>
</head>
<body>
    <article>
        可能的 article 实例：
            论坛帖子
            报纸文章
            博客条目
            用户评论
    </article>
    以上是 article 中所可能使用到的实例
</body>
</html>
```

显示效果如图 1-29 所示。

图 1-29　<article>标签效果图

1.6.2　声音内容的<audio>标签

<audio>标签用于对音乐或其他音频流的调用和播放。大家日常浏览网页时会发现，通常我们打开网页后，会有一些音乐自动播放，优美的旋律让大家不禁想在这样的网站中多浏览一会儿，其实想达到这种效果，可以使用<audio>标签来实现。下面，我们就先简单了解一下<audio>标签的使用。

示例 1-13：

```
<html>
<head>
<meta charset="UTF-8">
    <title>控制声音内容的 audio 标签</title>
</head>
<body>
    <audio src="/audio/horse.mp3" controls="controls">IE8 以及更早的浏
        览器不支持 audio 标签
    </audio>
</body>
</html>
```

显示效果如图 1-30 所示。

音乐的格式多种多样，有的浏览器支持
OGG 格式，有的支持 MP3 格式，而有的却
支持 WAV 格式，浏览器支持的格式可能各
不相同，所以有时调用了<audio>标签，但是
音乐没有播放成功，可能是使用的浏览器尚
不支持该音频格式，只需要进行音频的转换
或换用其他浏览器即可解决。

图 1-30　audio 音频显示效果图

<audio>标签可以对音乐或其他音频流进行调用。

src 属性指定音频的位置，可以使用相对定位，也可使用绝对定位，不过建议对于音频
路径及音频名称最好不要使用中文字符。

controls 属性如果出现，则会向用户显示控件，比如图 1-30 所展示出来的播放按钮。

除以上两个属性外，还有其他属性用来控制音频的行为。

如当出现 autoplay 属性时，则音频在就绪后会自动播放，不用自己再去单击播放按钮
来进行播放了；当出现 loop 属性时，每当音频播放结束便会重新开始播放；当出现 muted
属性时，则音频输出会被静音。通过这些属性，我们就可以精确地定义音频的行为，更好
地设计出一款商业网站。

1.6.3　图形的<canvas>标签

<canvas>标签是一个画布标签，它自身没什么实际行为，只是一个容器而已，我们可
以通过这个标签结合脚本来进行图形的绘制，画出自己想要展现的效果。画布是一个矩形
区域，我们可以控制该区域中的每一个像素，canvas 有多种绘制路径、矩形、圆形、字符
以及添加图像的方法。不过这个标签也不是所有浏览器都支持，因此我们可以在 canvas 的
开始和结束标签中添加一个提示文本"您的浏览器不支持 canvas 标签"，这样就会在
<canvas>标签所在的位置上显示该文本，这个时候可以换一个浏览器看看效果。

示例 1-14：

```
<html>
<head>
<meta charset="UTF-8">
    <title>canvas 画布标签</title>
</head>
<body>
    <canvas    id="mycanvas" width="200" height="200"
      style="border: 3px solid red;">您的浏览器不支持 HTML5 canvas 标签
      </canvas>
</body>
</html>
```

显示效果图如图 1-31 所示。

<canvas>标签是画布标签，是一个容器，可以容纳大家想要放的内容、图形等。

id 属性是为后面结合脚本来服务的，在脚本中可以通过 id 值对 canvas 画布进行操作。

width 和 height 分别定义了画布 canvas 的宽度和高度。

style 是样式，在后期大家会有所了解。这句话主要是定义了画布边框大小为 3px；solid 是实心的意思，就是这个边框是实心显示；red 是红色，也就是边框显示为红色。

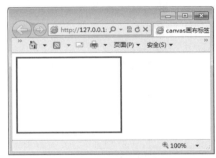

图 1-31　canvas 画布标签效果图

1.6.4　调用命令的<command>标签

<command>标签表示用户可以调用的命令，该标签可以定义一些命令按钮，比如单选按钮、复选框或按钮。但如果要显示这些内容，必须要借助于<menu>标签，而且<command>标签必须在<menu>标签内，才能够显示这些元素，不过可以单独用<command>标签来规定键盘的快捷键。

示例 1-15：

```
<html>
<head>
<meta charset="UTF-8">
    <title>command 命令</title>
</head>
<body>
  <menu>
    <command    onclick="alert('Hello World')">快点我！！！ </command>
  </menu>
</body>
</html>
```

显示效果如图 1-32 所示。

通过浏览器对网页效果进行浏览，然后单击"快点我！！！"，就会弹出 Hello World 的小窗口，<command>标签要放到<menu>标签下，onclick 命令是当单击<command>标签中的内容时会执行一些操作。

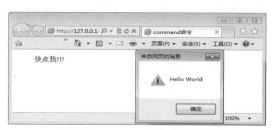

图 1-32　command 命令效果图

1.6.5　定义时间或日期的<time>标签

<time>标签也是 HTML5 新增的标签，主要用来定义时间或日期，也可以同时定义，不过<time>标签定义的是公历的时间(24 小时制)或日期，时间和时区偏移是可选的。

示例 1-16：

```
<html>
<head>
<meta charset="UTF-8">
    <title>定义时间或日期的 time 标签</title>
</head>
<body>
    <p>我们每天早上<time>6:00</time>起来晨练</p>
    <p>三峡大坝<time datetime="2006-5-20">全线</time>修建成功！！！</p>
</body>
</html>
```

显示效果图如图 1-33 所示。

datetime 属性规定日期或时间，当在<time>标签中未指定日期或时间时，可以使用 datetime 属性，而且该属性在浏览器中不会渲染任何特殊的效果。

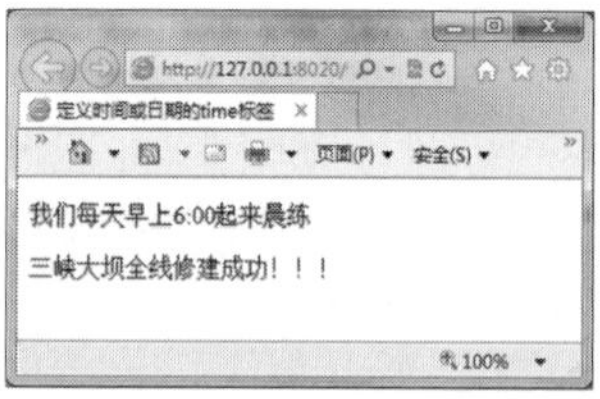

图 1-33　time 标签效果图

1.6.6　定义视频的<video>标签

在 HTML5 版本以前，要想观看网页上的视频，都需要安装支持 Flash 的插件，并且使用<object>和<embed>标签，来通过浏览器播放 swf、flv 等格式的视频文件，但现在的智能手机和 iPad 等一般都无法支持 Flash，所以通常也无法浏览页面上的视频。为了改变这一现象，在 HTML5 中添加了<video>这个标签，使我们不需要安装第三方插件，就可以轻松地加载视频文件了。

示例 1-17：

```
<html>
<head>
<meta charset="UTF-8">
```

```
        <title>用于播放在线视频的 video 标签</title>
    </head>
    <body>
        <video width="300" height="300" src="../audio/Green_video.mp4"
            controls="controls">您的浏览器不支持 video 标签</video>
    </body>
</html>
```

显示效果图如图 1-34 所示。

Internet Explorer 9+、Firefox、Opera、Chrome、Safari 都支持<video>标签，IE8 及其以前版本都不支持该标签。程序中的 src 是视频的地址，可以是绝对地址，也可以是相对地址；controls 是用来向用户显示控件，比如视频/音频播放按钮；width 和 height 是播放器的宽度和高度；autoplay 属性是当视频就绪后就会自动播放；loop 属性是当媒介文件完

图 1-34　video 标签效果图

成播放后根据值循环播放；muted 属性是规定视频的音频输出为静音模式。

【单元小结】

- HTML 文档是包含标记标签的文本文件，这些标签告诉 Web 浏览器如何显示页面。
- HTML 标签不区分大小写。
- 标签具有属性，属性进一步描述网页上 HTML 元素的附加信息。
- HTML 文档分为 head 部分和 body 部分，它们并列位于<html>标签内。
- Meta 用于提供有关页面的信息，搜索引擎通常会用到这些标签。
- HBuilder 是一种强大的 Web 编辑工具，可以灵活地创建网页。
- HTML 基本标签有<h1>…<h6>、<p>、
、<pre>、<font>、<img>。
- 插入图片标签<img>；插入特殊符号标签<font>；插入横线标签<hr>。
- 让文字滚动标签<marquee>；添加背景音乐标签<bgsound>。
- HTML5 新增标签包括<article>、<audio>、<canvas>、<command>、<time>、<video>等。

【单元自测】

1. 在 HTML 中，下列代码(　　)可以实现每隔 60 秒自动刷新页面的功能。

　　A. <meta http-equiv="refresh" content="1">

　　B. <meta http-equiv="refresh" content="60">

　　C. <meta http-equiv="expires" content="1">

　　D. <meta http-equiv="expires" content="60">

2. 下列语句中，(　　)将 HTML 页面的标题设置为"HTML 练习"。

　　A. <head>HTML 练习</head>　　　　　　B. <title>HTML 练习</title>

　　C. <body>HTML 练习</body>　　　　　　D. <html>HTML 练习</html>

3. (　　)标签有助于进行搜索操作，它包含在 HTML 文档头部中，并使用属性和属性值组合。

　　A. <title>　　　　　　　　　　　　　B. <body>

　　C.
　　　　　　　　　　　　　　D. <meta>

4. 下列叙述正确的是(　　)。

　　A. <font>标签中的 size 属性用于设置文本大小，默认 size=1

　　B. 有序列表<ol>、无序列表<ul>、自定义列表<dl>之间不能互相嵌套

　　C.
与<p>没有区别，都代表换行

　　D. 标题标签中<h1>最大，<h6>最小

5. 下列哪一项不是 HTML5 新增的标签？(　　)

　　A. <video>　　　　　　　　　　　　　B. <time>

　　C. <dt>　　　　　　　　　　　　　　D. <canvas>

【上机实战】

上机目标

- 使用基本的 HTML 标签创建简单的 HTML 文档；
- 练习 HTML 常用标签及 HTML5 新增标签；
- (选修)练习使用 Dreamweaver 制作网站首页；

上机练习

◆ 第一阶段 ◆

练习 1：使用基本的 HTML 标签制作网页

【问题描述】

使用理论课中学到的标签，制作简单网页，如图 1-35 所示。

【问题分析】

主要是练习 HTML 最基本的标签，如下所示；

图 1-35　新建网页对话框

<html>，<head>，<title>，<body>

对于一个完整的 HTML 网页来说，其结构可表示如下。

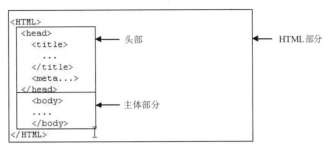

注意网页的标题，标题在<title>标签里面设置。由于网页文字分为多行，所以在每一行的代码后面，应该加上一个换行标签
。

给<body>标签加上 background 属性，设置背景图片。这里要注意图片和网页的位置关系，也就是相对路径的问题。

【参考步骤】

(1) 新建一个文本文档。

(2) 书写代码。

```
<html>
<head>
    <title>欢迎光临我的小站</title>
</head>
<body background="pic1.gif">
    欢迎您的光临! <br>
    希望这里能给大家带来欢乐。<br>
    同时也希望您多提意见，大家一同进步。<br>
</body>
</html>
```

(3) 把文本文档另存为 "1-1.htm"。

练习2：使用标签布局页面

【问题描述】

做出如图 1-36 所示的效果。其中，问题 3 中 int、if-else、return 等关键字为蓝色。

【问题分析】

要注意下标的位置不同，使用的标签也不同；横线的画法；一段内容中插入不同颜色所使用的标签；空格在 HTML 里的写法。

图 1-36 标签布局页面图

◆ 第二阶段 ◆

选修：使用 Dreamweaver 制作网站首页

【问题描述】

定义站点，名称为"我的站点"，本地根路径为 E 盘 myweb 文件夹下，并为该站点创建首页，名称为 index.html。教员应向学员提供相关图片，作为解决此问题所需的上机素材。index.html 页的效果图如图 1-37 所示。

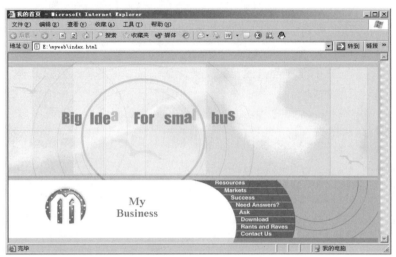

图 1-37　首页浏览

【问题分析】

使用 Dreamweaver 先新建站点和页面。

【参考步骤】

(1) 启动 Dreamweaver。

选择"开始"|"程序"|Adobe Dreamweaver 命令启动 Dreamweaver。

(2) 新建站点。

① 在"我的电脑"E 盘中新建名为 myweb 的文件夹，该文件夹作为站点的本地根文件夹，并将上机素材所在的文件夹复制到 myweb 文件夹下。

② 在 Dreamweaver 菜单栏中选择"站点"|"新建站点"命令，此时，将显示"站点定义"对话框。

③ 该对话框默认显示的是"基本"选项卡，我们直接切换到"高级"选项卡来编辑该站点，单击该对话框中的"高级"按钮，将出现"高级"选项卡对话框。

④ 在该对话框的"分类"选项中选择"本地信息"，在"站点名称"一栏中输入"我的站点"。

⑤ 单击"本地根文件夹"栏后面的文件夹图标，选择存储网页的根文件夹，即前面在 E 盘所设计好的文件夹 myweb。

⑥　因为现在我们所编辑的是本地站点，所以其他选项使用默认设置。单击"确定"按钮，该站点编辑成功。

(3) 新建页面。

①　选择"文件"|"新建"命令，将出现如图 1-38 所示的"新建文档"对话框，单击"创建"按钮，该页面创建成功。

图 1-38　"新建文档"对话框

②　选择"文件"|"保存"命令，将该页面保存至本地站点根文件夹 E 盘 myweb 文件夹下，并将该页面命名为 index.html，如图 1-39 所示。

③　选择"修改"|"页面属性"命令，在"页面属性"对话框的"外观"栏中设置背景颜色为"#A2C8EB"，左边距和上边距都设为 0。

④　在页面属性的"标题/编码"栏中修改该页面的标题为"我的首页"，并设置编码为GB2312，如图 1-40 所示，然后单击"确定"按钮即可。

图 1-39　保存页面

图 1-40　"页面属性"对话框

(4) 使用表格布置页面。

①　选择"插入"|"表格"命令，在弹出的"表格"对话框中设置行数为"2"，列数为"1"，宽度为"760 像素"，单元格边框、单元格间距和单元格边距都设为 0。单击"确定"按钮，即可成功创建表格 1。

②　将光标停留在第一行的单元格里，选择"插入"|"媒体"|SWF 命令，在弹出的"选

择文件"对话框中选择 Flash 文件所在的位置为 index_image 文件夹下的 banner.swf 文件，然后单击"确定"按钮，即可将 Flash 成功插入。

③ 将光标停留在第二行的单元格里，选择"插入" | "表格"命令，插入一个 1 行 3 列、宽度为 760 像素的嵌套表格 2，同样将单元格边框、单元格间距和单元格边距都设为 0。

④ 将光标停留在表格 2 的第一个单元格里，选择"插入" | "图像"命令，打开"选择图像源文件"对话框，在对话框中选择要插入的图像文件为 image 文件夹下的 logo_new.gif。

⑤ 将光标停留在表格 2 的第二个单元格里，选择"插入" | "表格"命令，插入一个 9 行 1 列、宽度为 215 像素的嵌套表格 3，同样将单元格边框、单元格间距和单元格边距都设为 0。

⑥ 在表格 3 的 9 行中依次插入 image 文件夹下的 9 张图片：wall.gif、market.gif、succes.gif、need.gif、ask.gif、dwnl.gif、rants.gif、cont.gif 和 linkdwn.gif。

⑦ 在表格 2 的第三个单元格中插入 image 文件夹下的图片 default.gif。

(5) 浏览页面。

① 选择"文件" | "保存"命令，将该页面保存。

② 按 F12 快捷键浏览该页面。

至此，使用 Dreamweaver 完成了制作包含 Flash 和图片的页面，如图 1-41 所示。

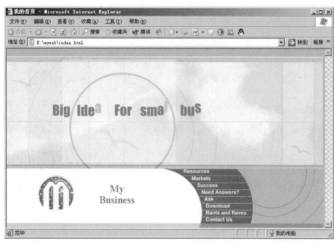

图 1-41　首页浏览

【拓展作业】

1. 做一个自我介绍的网页，并给其添加背景图片。

2. 修改作业 1，使背景图片和网页位于不同的目录，使用相对路径。

3. 使用 meta 标签设置作业 1 的网页中查询的关键字，设置时间用来刷新，并且添加一些视频或者音频文件，要求打开网页会自动播放。

単元 二

HTML 中表格和表单的应用

 课程目标

▶ 掌握表格的用法

▶ 表单标记

▶ 添加表单元素

▶ 输入类表单元素

▶ 菜单列表类表单元素

▶ 文本域

▶ HTML5 新增输入类表单元素

 **简 介**

表格和表单也是网页中常用的元素，表格用于设计和规划网页内容，表单则多用于注册页面的设计。

2.1 表格的应用

表格是日常生活中很常用的组织数据的方法，在 Word 中创建一个表格时，只需要指定表格的行数和列数即可，非常简单。在网页中做一个表格稍微复杂一点，需要我们自定义表格的各项属性，制作表格的简要步骤如下。

1. 告诉浏览器绘制一个表格区域

使用<table></table>来完成，此时预览的话，这片区域是空的。不要紧，接着告诉浏览器给表格添加一个行。

2. 添加行代码

使用<tr></tr>来完成，此时代码如下所示。

示例 2-1：

```
<html>
<head>
    <meta charset="utf-8">
    <title>测试</title>
</head>
<body>
    <table>
        <tr></tr>
    </table>
</body>
</html>
```

再次预览，仍然发现页面为空白。很明显，浏览器显示的是每一个单元格，所以有了框架还不够，还要给表格设定单元格。

3. 添加单元格

使用<td></td>来完成，如下所示。

```
    ……
<table>
<tr><td> 1 </td> </tr>
</table>
    ……
```

这里，我们往行里添加了一个单元格，并设置内容为 1。保存后的预览效果如图 2-1 所示。

怎么没有边框呢？边框需要自己加上才行。这个属性叫作 border，修改代码如下。

```
……
<table border=1>
<tr><td> 1 </td> </tr>
</table>
……
```

再来打开页面，效果如图 2-2 所示。

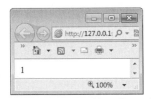

图 2-1　添加单元格预览界面

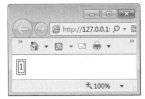

图 2-2　添加边框预览界面

图 2-2 的效果就是我们辛苦劳动的结晶吗？是的，事实上，最基本最简单的表格就是它了。但只要掌握好<table>、<tr>和<td>标签，再复杂的表格也能做得出来，我们一步一步学习。

(1) 最简单的表格如表 2-1 所示。

表 2-1　最简单的表格

代 码 片 段	效　　果	说　　明
<table border=1> 　　<tr><td> 1 </td> </tr> </table>	1	最基本的表格

(2) 由表 2-1 可知，一个<td></td>就代表一个单元格，所以我们再加两个单元格，如表 2-2 所示。

表 2-2　添加两个单元格

代 码 片 段	效　　果	说　　明
<table border=1> <tr> 　<td> 1 </td><td> 2 </td> 　<td> 3 </td> </tr> </table>	 1 2 3	在<tr>标签内可以有多个<td>，每个<td>代表一个单元格

(3) 再加一行，也就是加一个<tr>标签，如表 2-3 所示。

表 2-3　添加一行

代 码 片 段	效　果	说　明

`<table border=1>`
`<tr>`
　`<td> 1 </td><td> 2 </td>`
　`<td> 3 </td>`
`</tr>`
`<tr>`
　`<td> 4 </td><td> 5 </td>`
　`<td> 6</td>`
`</tr>`
　`</table>`
		每个`<tr>`代表一行，有多少个`<tr>`标签，就代表表格有多少行

(4) 在实际运用中，并非所有表格的单元格都是这么规规矩矩地上下对照着排放，我们还可以合并单元格，列的合并如表 2-4 所示。

表 2-4　列的合并

代 码 片 段	效　果	说　明

`<table border=1>`
`<tr>`
　`<td>1</td>`
　`<td>2</td>`
　`<td>3</td>`
`</tr>`
`<tr>`
　`<td colspan="3">4</td>`
`</tr>`
`</table>`
		注意，第一行有 3 个单元格，第二行只剩下 1 个单元格了，为什么？因为第二行的 3 个单元格被合并为一个了
		因为要合并的是同一行的 3 个列(单元格)，所以是 colspan(col 是 column-列的缩写，span 意为跨越，且值为3)

(5) 行的合并(表 2-5)。

表 2-5　行的合并

代 码 片 段	效　果	说　明

`<table border=1>`
`<tr>`
　`<td rowspan="2"> 1</td>`
　`<td> 2</td>`
　`<td> 3</td>`
`</tr>`
`<tr>`
　`<td> 5</td>`
　`<td> 6</td>`
`</tr>`
　`</table>`
		这里要合并的是同一列的两个行，也就是要跨越的是行，所以叫作"rowspan"。
		合并结束后，第一列的两个单元格就被合并了
		思考：如果要合并 3、6 两个单元格，该怎么写

以上我们讨论了表格中的单元格，下面再对表格进行深入调整。

(6) 改变表格大小，定义表格的宽度(width)和高度(height)，如表 2-6 所示。

表 2-6　定义表格的宽度和高度

代　码　片　段	效　　果	说　　明

`<table border=1 width=70 height=70>`
`<tr>`
`<td> 1 </td><td> 2 </td>`
`<td> 3 </td>`
`</tr>`
`</table>`
	1 2 3	因为是对整个表格设置的宽度和高度，所以 width 和 height 属性要放在<table>标签内

(7) 设置单元格内文字的位置。

单元格内文字的位置并不是一成不变的，我们可以使用上中下、左中右等多种方式米调整。

左中右用 align 属性来表示，分别为 left、center、right；上中下用 valign 属性来表示，分别为 top、middle、bottom，如表 2-7 所示。

表 2-7　设置单元格内文字的位置

代　码　片　段	效　　果	说　　明

`<table width=85 height=85 border=1>`
`<tr>`
`<td align="center" valign="bottom">1</td>`
`<td align="right" valign="top">2</td>`
`</tr>`
`<tr>`
`<td align="right" valign="bottom">3</td>`
`<td align="left" valign="middle">4</td>`
`</tr>`
`</table>`
	2
	1
	3 4
		align 和 valign 是对单元格进行设置，所以放在<td>标签内。
		同理，如果要让表格在网页上居中显示，则只需在<table>标签里面设置 align="center"即可

(8) 设置表格、单元格、边框背景颜色：bgcolor。

我们可以给整个表格或每一行设置背景颜色，也可以给单元格设置背景颜色，还可以给表格边框设置背景颜色，如表 2-8 所示。

表 2-8　设置表格、单元格和边框的背景色

代　码　片　段	效　　果	说　　明

`<table width=70 height=70 border=1`
`bordercolor="red" bgcolor="yellow">`
`<tr bgcolor="gray">`
`<td> 1 </td><td> 2 </td>`
`<td> 3 </td>`
`</tr>`
`<tr>`
`<td bgcolor="white">`
`4</td>`
`<td bordercolor="green">`
`5</td>`
`<td bgcolor="white">`
`6</td>`
`</tr>`
`</table>`
	1 2 3
	4 5 6
		对整个表格设置属性，如高度、长度、边框、表格背景颜色、边框背景颜色等要放在<table>标签内。相应地，对行、单元格的属性设置也要放在<tr>、<td>标签内。
		代码中设置的颜色有：
		● 表格背景：黄色
		● 表格边框颜色：红色
		● 第一行背景：灰色
		● 4、6 单元格背景：白色
		● 5 单元格边框颜色：绿色

仔细观察表 2-8 中的效果图，会发现：

- 整个表格有一个大边框；
- 每个单元格也有边框；
- 表格边框与单元格边框的颜色都可以调整；
- 单元格与单元格之间有间距；
- 单元格与单元格之间的间距颜色和表格背景颜色一致；
- 单元格内文字与单元格边框之间可以有距离。

另外，我们也可以指定表格、行、单元格的背景图片，使用的是 background="图片路径"，这和设置网页背景图像是一致的。

(9) 设置单元格填充距离。

单元格填充距离是指单元格内文字与单元格边框的距离，属性名为 cellpadding，对单元格填充距离的设置如表 2-9 所示。

表 2-9 设置单元格填充距离

代 码 片 段	效 果	说 明

`<table width=70 height=70 border=1 cellpadding="10">`
`<tr>`
`<td>123456</td>`
`</tr>`
`</table>`
	123456	这个属性经常用到，可以让表格内文字的显示更美观。
		这里设置了填充距离为 10 像素，可以看到左右两端都空余了 10 像素

(10) 设置单元格间距。

单元格间距是指单元格与单元格之间的距离，也就是边框与边框的距离。单元格间距的设置如表 2-10 所示。

表 2-10 设置单元格间距

代 码 片 段	效 果	说 明

`<table width=70 height=70 border=1 cellspacing="20" bgcolor="#FFFF00">`
`<tr bgcolor="#FFFFFF">`
`<td>1</td><td>2</td>`
`</tr>`
`<tr bgcolor="#FFFFFF">`
`<td>3</td>　<td>4</td>`
`</tr>`
`</table>`
	1 2 3 4	这里设置了单元格间距为 20 像素，整个表格的背景为黄色，每行的背景为白色

有没有发现我们上面做的表格边框很不美观？很粗！是因为我们设置了 border=1，border 值只能接受整数，但假如将 border 设为 0，则边框又消失了。下面用填充距离和间距以及背景颜色来"配置"一个较为美观的表格，如表 2-11 所示。

表 2-11　设置距离、间距和背景色

代 码 片 段	效　　果	说　　明

`<table width="80"` **`border`**`="0" cellpadding="5"` **`cellspacing`**`="1"` **`bgcolor`**`="#0066FF">`
`<tr` **`bgcolor`**`="#FFFFFF">`
`    <td>1</td>`
`    <td>2</td>`
`</tr>`
`<tr` **`bgcolor`**`="#FFFFFF">`
`    <td>4</td>`
`    <td>5</td>`
`</tr>`
`    </table>`
	<table><tr><td>1</td><td>2</td></tr><tr><td>4</td><td>5</td></tr></table>	注意粗体部分代码的含义，请查阅代码及前面示例，自行分析原理

表 2-11 中的效果图的边框看起来是不是比前面好多了？

有时候我们做表格，需要让表格内某些单元格的文字居中并加粗。我们可以用单元格的属性来实现，也可以用表格的另一个元素<th>来完成。

(11) 设置表格表头，如表 2-12 所示。

表 2-12　设置表格表头

代 码 片 段	效　　果	说　　明

`<table width="130" border="0" cellpadding="5"`
`cellspacing="1" bgcolor="#0066FF">`
`<tr bgcolor="#FFFFFF">`
`    <th>姓名</th>`
`    <th>性别</th>`
`</tr>`
`<tr bgcolor="#FFFFFF">`
`    <td>张三</td>`
`    <td>男</td>`
`</tr>`
`<tr bgcolor="#FFFFFF">`
`    <td>李四</td>`
`    <td>女</td>`
`</tr>`
`    </table>`
	<table><tr><th>姓名</th><th>性别</th></tr><tr><td>张三</td><td>男</td></tr><tr><td>李四</td><td>女</td></tr></table>	<th>和<td>都代表单元格，唯一的区别就是<th>可以把单元格内容变为粗体并居中显示

(12) 设置表格标题。

表格标题是对表格的一个说明，就像文章的题目一样。可以使用<caption>标签来完成，如表 2-13 所示。

表 2-13　设置表格标题

代 码 片 段	效　果	说　明

`<table width="130" border="0" cellpadding="5"`
`cellspacing="1" bgcolor="#0066FF">`
`<caption valign="bottom" align="right">学员性别表`
`</caption>`
`<tr bgcolor="#FFFFFF">`
　　`<th>姓名</th>`
　　`<th>性别</th>`
`</tr>`
`<tr bgcolor="#FFFFFF">`
　　`<td>张三</td>`
　　`<td>男</td>`
`</tr>`
`<tr bgcolor="#FFFFFF">`
　　`<td>李四</td>`
　　`<td>女</td>`
`</tr>`
`</table>`
	学员性别表
	
	| 姓名
		性别

---	---
张三	男
李四	女		注意一点，`<caption>`是属于表格的

　　表格是网页制作过程中很常用的元素，可以使页面元素更加有条理地按照我们的意愿摆放。我们可以采取表格单元格内嵌套子表格的方式来完成功能复杂的页面。

2.2　表单的应用

　　在 HTML 文档中，表单通常用于注册页面，当用户填写好信息后做完提交操作，将表单的内容从客户端的浏览器传送到服务器上，经过服务器处理程序后，再将用户所需信息送回客户端的浏览器上，这样网页就具有了交互性。

　　最常见的表单主要包括文本框、单选按钮、复选框、按钮等。如图 2-3 所示是一个常见的注册页面，它包含了文本框、单选按钮、复选框、按钮等表单内容。

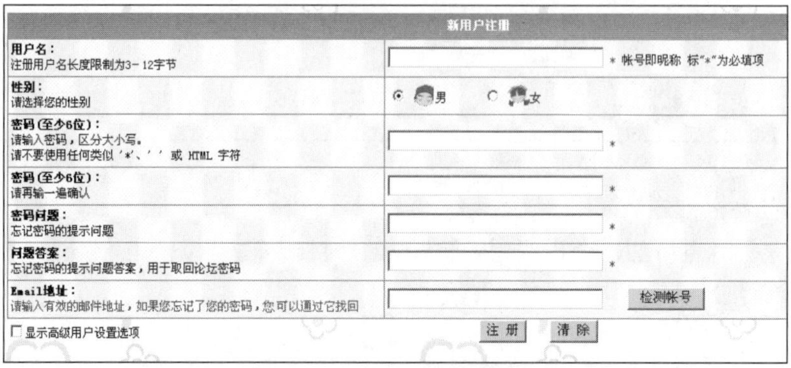

图 2-3　网页中常见的表单

在 HTML 中，<form></form>标签用来创建一个表单，定义表单的开始和结束，在这两个标签之间的内容都属于表单的内容。

添加表单的语法如下：

```
<form name="表单名" method="传送方式" action="表单处理程序 ">
……
</form>
```

表 2-14 列出了表单属性的详细说明。

表 2-14　表单属性

属　　性	说　　明
name	用于给表单命名。这一属性不是表单的必需属性，但为了防止表单在提交到后台处理程序时出现混乱，一般要设置一个与表单功能相符的名称。例如，注册页面的表单可以命名为 register
action	用于指定表单需要提交的地址。一般来说，当用户单击表单上的提交按钮后，信息会发送到 action 属性所指定的地址。如：action=http://www.163.com 或 action= "mailto:abc@sina.com"
method	此属性告诉浏览器将数据发送给服务器的方法，可取值为 get 或 post。 ● method=get：使用这个设置时，表单数据会附加在 URL 之后，由用户端直接发送到服务器，所以速度比 post 快，但缺点是数据长度不能太长。在没有指定 method 的情形下，一般都会视 get 为默认值 ● method=post：使用这个设置时，表单数据是作为一个数据块与 URL 分开发送的，所以通常没有数据长度上的限制，缺点是速度会比 get 慢

例如，要使用 post 方法将表单提交到www.163.com，如下所示。

```
<form name="register" method="post" action="http://www.163.com">
……表单内容……
</form>
```

2.3　在表单中添加元素

按照表单元素的填写方式可以将表单分为输入类控件和菜单列表类控件。输入类的控件一般以 input 标记开始，说明这一表单元素需要用户的输入；而菜单列表类控件则以 select 开始，表示用户需要选择。

input 标记定义的表单元素最常用的有文本框、按钮、单选按钮等，这个标记的基本语法是：

```
<form ……>
<input name="控件名称" type ="控件类型">
</form>
```

input 标记所包含的元素类型如表 2-15 所示。

表 2-15　input 标记所包含的元素

元 素 类 型	说　　明
text	文本字段
password	密码域，用户在输入时不显示具体内容，以*代替
radio	单选按钮
checkbox	复选框
button	普通按钮
submit	提交按钮
reset	重置按钮
hidden	隐藏域
file	文件域

2.3.1　文本字段和密码域

文本字段和密码域用于创建单行文本输入框，供访问者输入单行文本信息。属性和说明如表 2-16 所示。

表 2-16　text 属性描述

属　　性	说　　明
type	当 type=text 时，创建文本字段 当 type=password 时，创建密码域，当用户输入文字时，这些文字显示为"*"
name	文本字段或密码域的名称
size	文本框在页面中显示的长度，以字符为单位
maxlength	在文本框或密码域中最多可以输入的字符数
value	用于定义默认值

例如，创建如图 2-4 所示的登录页面，代码如示例 2-2 所示。

示例 2-2：

```
<head>
    <title>文本框和密码域示例</title>
</head>
<body>
    <p>登录页面 </p>
    <p>用户名：<input type="text" name="username"
        value="" size="15"></p>
    <p>密　码：<input type="password" name="psd"
        size="15" maxlength="6"></p>
</body>
</html>
```

图 2-4　在页面中添加文本字段和密码域

2.3.2　单选按钮

　　元素 radio 用于创建单选按钮，单选按钮用于一组相互排斥的值。组中的每个单选按钮应具有相同的名称，用户一次只能选择一个选项。单选按钮需要指定 value 的值，只有从组中选定的单选按钮才会在提交时生成 name/value 对。表 2-17 列出了 radio 元素的属性。

表 2-17　单选按钮属性

属　　性	说　　明
checked	此属性设置该单选按钮被选中
name	此属性设置该单选按钮的名称
value	此属性设置该单选按钮的值

　　例如，在示例 2-2 的 body 部分加入以下代码：

```
<p>性　别：
    <input type="radio" name="sex" value="male">男
    <input type="radio" name="sex" value="female">女 </p>
```

　　创建单选按钮的效果如图 2-5 所示。

图 2-5　单选按钮

2.3.3　复选框

　　元素 checkbox 用于创建复选框。用户可以选择多个复选框。选择复选框时，会将一个 name/value 对与 form 一起提交。表 2-18 列出了 checkbox 元素的属性。

表 2-18　复选框属性

属　　性	说　　明
checked	此属性设置复选框被选中
name	此属性设置复选框的名称
value	此属性设置复选框的值

示例 2-3：

```
<head>
    <title>复选框示例</title>
</head>
<body>
<p>请选择你的爱好：</p>
  <p>
    <input type="checkbox" name="test1" value="A1">上网
    <input type="checkbox" name="test2" value="A2" checked>游泳
    <input type="checkbox" name="test3" value="A3">登山
    <input type="checkbox" name="test4" value="A4">写作
```

```
    </p>
  </body>
</html>
```

在表单中添加复选框的效果如图 2-6 所示。

图 2-6　在表单中添加复选框的效果

2.3.4　普通按钮

普通按钮元素创建按钮 button 的属性如表 2-19 所示。

表 2-19　button 按钮属性

属　　性	说　　明
name	此属性设置或检索控件的名称
type	此属性设置按钮的类型,可选定的值有:button、submit、reset
value	此属性设置显示在按钮上的初始值

例如,在示例 2-1 中插入以下代码可以创建普通按钮。

```
<input type="button" name="b1" value="这是普通按钮">
```

效果如下所示。

这是普通按钮

2.3.5　提交按钮

元素 submit 用于创建提交按钮。当用户单击"提交"按钮时,表单就会被提交至 form 中所指定的提交地址。

例如,在示例 2-2 中插入以下代码,即可创建提交按钮:

```
<input type="submit" name="b2" value="提交表单">
```

在表单中添加提交按钮的效果如图 2-7 所示。

图 2-7　在表单中添加提交按钮的效果

2.3.6　重置按钮

元素 reset 用于创建重置按钮。当用户单击此按钮时,此重置按钮所在表单中的所有元素的值被重置为其 value 属性中指定的初始值。

例如,在示例 2-2 已有代码的基础上插入以下代码,即可创建重置按钮:

```
<input type="reset" name="b3" value="重新填写">
```

创建重置按钮后的效果如图 2-8 所示。

2.3.7　隐藏域

表单中的隐藏域主要用来传递一些参数，而这些参数不需要在页面中显示。当浏览者提交表单时，隐藏域的内容会被一起提交给处理程序。

创建隐藏域的语法如下：

图 2-8　重置按钮的效果

```
input type="hidden" name="隐藏域名称" value="提交的值"
```

如下列代码所示。

示例 2-4：

```
<html>
<head>
    <title>隐藏域和 action 属性对比示例</title>
</head>
<body>
<form name="exam5" action="exam1.htm" method="get">
    下面是几种不同属性的文本字段：
    <p>姓名：<input type="text" name="username" size=15></p>
    <p>年龄：<input type="text" name="age" size=15 maxlength=3></p>
    <p><input type="hidden" name="page_id" value="example"></p>
    <p><input type="submit" name="Submit" value="提交"></p>
</form>
</body>
</html>
```

运行这段代码时，隐藏域的内容并不会显示在页面中，但是在提交表单时，其名称 page_id 和取值 example 将会被同时传递给处理程序。

在这里，我们来对比一下 method 属性中的 get 方式和 post 方式的区别。以上代码显示的效果如图 2-9 所示。

此时，method 指定的是 get 方法，action 指定的是一个空页面，单击"提交"按钮，出现的效果如图 2-10 所示。

图 2-9　隐藏域示例

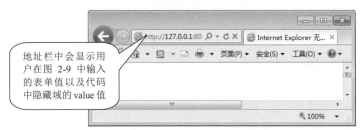

地址栏中会显示用户在图 2-9 中输入的表单值以及代码中隐藏域的 value 值

图 2-10　当 method 属性为 get 时的效果

大家可以试一下，把 method 的值改为 post，在地址栏中会出现什么效果，此处不再赘述。

2.3.8 文件域

在上传文件时常常会用到文件域，它用于查找硬盘中的文件路径，然后通过表单将选中的文件上传。在设置电子邮件的附件、上传头像、发送文件时，常常会看到这一控件。

创建文件域的语法如下：

```
<input type="file" name="文件域的名称">
```

示例 2-5：

```
<html>
<head><title>文件域示例</title></head>
<body>
<form action="mailto:yu@163.com" name="research" method="post">
    下面是某网站的注册页面：
    <p>用  户  名:<input name="username" type="text" size=20></p>
    <p>密      码:<input name="password1" type="password"
        size=20></p>
    <p>请上传你的头像：<input type="file" name="picture"></p>
</form>
</body>
</html>
```

运行后的效果如图 2-11 所示。

单击"浏览"按钮后，会弹出如图 2-12 所示的对话框。

图 2-11　创建文件域

图 2-12　选择文件对话框

2.3.9 菜单列表类表单元素

select 元素用于显示下拉列表。每个选项由一个 option 元素表示，select 必须包含至少一个 option 元素。用户所选择的选项将用高亮显示块表示。表 2-20 列出了 select 元素的属性。

表 2-20　select 下拉列表属性

属　　　性	说　　　明
name	指定元素的名称，提交表单时，会将 name 属性与所选定的值一并提交
size	在有多种选项可供用户滚动查看时，size 确定列表中可同时查看到的行数
multiple	表示在列表中可以选择多项

示例 2-6：

```
<html>
<head>
<title>注册页面</title>
</head>
<body>
<form name="research" method="post" action="mailto:www@163.com">
  <p>注册页面　</p>
  <p>用户名：<input type="text" name="username" value="" size="15">
  <p>密　码：<input type="password" name="psd" size="15" maxlength="6">
  <p>性　别：
    <input type="radio" name="sex" value="male">男
    <input type="radio" name="sex" value="female">女
  <p>证件类型
    <select name="cardtype">
      <option value="id_card">身份证</option>
      <option value="stu_card">学生证</option>
      <option value="drive_card">驾驶证</option>
      <option value="other_card">其他证件</option>
    </select>
    <p>关心的栏目
    <select name="content" size="3" multiple>
      <option value="m1">体育栏目</option>
      <option value="m2">科技栏目</option>
      <option value="m3">新闻栏目</option>
      <option value="m4">汽车栏目</option>
      <option value="m5">房产栏目</option>
    </select>
  <p>
  <input type="submit" name="b2" value="提交表单">
  <input type="reset" name="b3" value="重新填写">
</form>
</body>
</html>
```

运行代码后的效果如图 2-13 所示。

2.3.10　文本域

元素 textarea 用于创建多行文本输入控件。此元素使用结束标记</textarea>结束，在<textarea>和</textarea>之间

图 2-13　添加列表项

49

的内容是该多行文本框的初始值。表 2-21 列出了元素 textarea 的属性。

表 2-21　textarea 属性

属　　性	说　　明
name	设置文本区域的名称
cols	设置文本区域的宽度
rows	设置文本区域包含的行数

例如，在 HTML 的代码<body>的部分插入如下代码：

```
您的意见对我很重要
<textarea name="info" cols="35" rows="7">请将意见输入此区域
</textarea>
```

运行后的效果如图 2-14 所示。

图 2-14　textarea 属性运行后的效果

2.4　HTML5 新增表单输入类型

随着现代互联网技术的发展和快速应用，为了更好地进行输入控制和验证，简化网页的开发，HTML5 中增加了多个新的表单输入类型，使网页的开发难度大幅下降，并且这些标签简单易学。HTML5 新增加的表单输入类型最常用的有 email 类型、number 类型、range 类型、search 类型、url 类型。

现行主流浏览器对这些属性并不能完全支持，根据版本的不同，对属性的支持度也是不一样的，浏览器对属性的支持如表 2-22 所示。

表 2-22　浏览器所支持的 HTML5 属性

输入类型	IE	火狐(Firefox)	欧朋(Opera)	谷歌(Chrome)
email	不支持	4.0 及以上版本支持	9.0 及以上版本支持	10.0 及以上版本支持
number	不支持	不支持	9.0 及以上版本支持	7.0 及以上版本支持
range	不支持	不支持	9.0 及以上版本支持	4.0 及以上版本支持
search	不支持	4.0 及以上版本支持	11.0 及以上版本支持	10.0 及以上版本支持
url	不支持	4.0 及以上版本支持	9.0 及以上版本支持	10.0 及以上版本支持

从表 2-22 可以看出，不是所有的浏览器都支持这些新增加的输入类型，但是，欧朋(Operea)浏览器是对新数据类型支持最好的，这些属性也可以在其他主流浏览器中使用，即使不被支持，也会以常规的文本域显示。

2.4.1　email 类型

元素 email 用于包含 E-mail 地址的输入域，在提交表单时，会自动验证 email 域的值，减少了大家自己校验所花费的时间和精力，提高了页面的开发效率。

创建邮件格式的语法如下：

```
<input type="email" name="user_email"/>
```

示例 2-7：

```
<html>
<head><title>邮件格式输入 email 类型</title></head>
<body>
<form action="#" method="get" >
    姓名：<input type="text" name="user_name" value=""/>
    <p>性别：
        <input type="radio" name="sex" value="male">男
        <input type="radio" name="sex" value="female">女
    </p>
    mail 类型:<input type="email" name="user_email" />      <br />
    <input type="submit" value="提交" align="center"/>
</form>
</body>
</html>
```

由于 IE 浏览器不支持 email 类型，我们就使用谷歌浏览器来进行预览，在 E-mail 文本框中输入 liu 后，单击"提交"按钮，效果如图 2-15 所示。

系统提示我们缺少"@"邮件特殊符号，这就是 email 类型自动验证的功能，接下来添加上这个符号，效果如图 2-16 所示。

图 2-15　无@符号提交 email 后的效果　　图 2-16　@符号后无内容提交后的效果

系统仍提示我们"@"特殊符号后缺少内容，那就根据提示添加完整内容，然后单击"提交"按钮，完成提交工作。

2.4.2　number 类型

元素 number 用于对数值大小进行限定，有最大值、最小值及数字之间的间隔等属性，如表 2-23 所示。

表 2-23　number 数值区间属性

属　　性	说　　明
max	此属性设置 number 所能允许的最大值
min	此属性设置 number 所能允许的最小值
step	此属性设置合法数字之间的间隔
value	此属性设置 number 的默认值

例如，在示例 2-7 中插入以下代码：

Number 类型 ：<input type="number" name="number" min="2" max="20" step="3"/>

由于 IE 浏览器不支持 number 元素，我们同样使用谷歌浏览器进行浏览，设置 number 数值的效果如图 2-17 所示。

从图中可以看到，最小值是 2，当单击 "▲" 或 "▼" 时，每次会在这个数值的基础上增加或减少 3，最小值为 2，最大值为 20。

图 2-17　number 数值效果图

2.4.3　range 类型

元素 range 用于创建数值元素的区间范围，和 number 元素类似，不过是以一个滑动条的形式显示的，属性如表 2-24 所示。

表 2-24　range 数值范围属性

属　　性	说　　明
max	此属性设置 range 所能允许的最大值
min	此属性设置 range 所能允许的最小值
step	此属性设置合法数字之间的间隔
value	此属性设置 range 的默认值

例如，在示例 2-7 中插入以下代码：

Range 类型：<input type="range" name="points" min="2" max="20" step="3"/>

创建 range 数值的效果如图 2-18 所示。

2.4.4　search 类型

元素 search 用于搜索，常用的有站点搜索或 Google 搜索，通常是对关键词进行搜索，search 显示方式也是常规的文本域。

在示例 2-7 中插入以下代码，即可创建出搜索框。

<input type="search" name="search1" />

添加对关键词搜索的文本框效果如图 2-19 所示。

图 2-18　range 数值范围效果　　　图 2-19　添加对关键词的搜索

2.4.5　url 类型

元素 URL 用于创建 URL 的地址，并在提交表单时，对 URL 域的值进行简单的验证，在我们通常浏览的网页中，URL 运用得非常多，基本上每个网页都会有对 URL 的运用。

在示例 2-7 中插入以下代码，即可进行 URL 地址的验证。

URL 地址类型：<input type="url" name="user_url" />

输入 URL 地址，效果如图 2-20 所示。

随便输入一个值，提交后，就会自动验证。可以从图中看到提示信息，要求我们输入网址，则说明输入的内容不符合要求，需要重新输入正确的网址。以"http://"起，后面继续输入其他内容，则能够成功提交，否则无法成功提交。

图 2-20　URL 自动校验效果图

【单元小结】

- 表格：<table>；表格元素：<tr>、<td>、<th>、<caption>及相应属性。
- 使用表格进行页面布局。
- 表单元素用于接受用户输入并提供一些交互式操作。
- <form>标签用于在网页中创建表单的区域。
- <input>元素用于定义表单上的表单输入元素，<select>用于定义菜单列表类表单元素，<textarea>用于定义多行文本输入框。
- <email>用于定义 email 电子邮件的地址域，<url>用于创建 url 地址，<range>用于定义数值元素的区间。

【单元自测】

1. 根据以下 HTML 代码进行分析：

```
<html>
  <head>
    <title>表格</title>
```

```
      </head>
      <body>
       <table border="1">
         <tr>
           <td>1</td>
           <td>2</td>
         </tr>
         <tr>
           <td colspan="2">3</td>
         </tr>
       </table>
      </body>
    </html>
```

对于以上代码，以下描述正确的是(   )。

  A. 该网页内容的第一行显示"表格"

  B. 1 和 2 的表格在同一行

  C. 1 和 3 的表格被合并为一个单元格

  D. 1 和 3 的表格在同一行

2. (   )标签用于在网页中创建表单。

  A. <Input>   B. <Select>   C. <Form>   D. <Option>

3. 当列表框中有多个列表项时，如果用户希望同时查看到两行，下列描述正确的是(   )。

  A. <select name="content" maxlength="3" >…</select>

  B. <select name="content" height="3" >…</select>

  C. <select name="content" size="3" >…</select>

  D. <select name="content" width="3" >…</select>

4. 要在网页中插入密码域，并且输入的密码不能超过 6 位，下列代码正确的是(   )。

  A. <input type="password" size="6" >

  B. <input type="password" maxlength="6" >

  C. <input type="text" size="6" >

  D. <textarea maxlength="6"></textarea>

5. 在网页上，当表单中的 input 元素的 type 属性为 reset 时，用于创建(   )按钮。

  A. 提交   B. 重置   C. 普通   D. 以上都不对

【上机实战】

上机目标

- 使用表格设计网页
- 使用表单和常用 HTML 输入元素

上机练习

◆ 第一阶段 ◆

练习1：使用表格布局页面

【问题描述】

使用表格标签创建如图 2-21 所示的表格。

【问题分析】

首先找出该表格的行数和列数，然后确定每行所包含的单元格个数。

在写每一行的时候，要确定该行的第几个单元格需要合并或者需要被合并。

可以看到每个单元格内的文字都是居

图 2-21   使用表格布局页面

中对齐的。使用单元格(而不是表格)的 align=center 属性居中对齐。

利用理论课所学的细线表格知识，先设置整个表格的背景颜色，将表格边框设为 0、间距设为 1，再设置每一行为另外一种背景颜色。

【参考步骤】

(1) 新建文本文档。

(2) 书写 HTML 网页框架。

```
<html>
<head>
<meta charset="utf-8">
<title>无标题文档</title>
</head>
<body>
<p>
<table border="0" align="center" cellspacing="1" bgcolor="#999999">
  <tr bgcolor="#FFFFFF">
    <td colspan="5"><p align="center">价格表</p></td>
  </tr>
  <tr bgcolor="#FFFFFF">
    <td colspan="2"><p align="center">型号 </p></td>
    <td><p align="center">容量 </p></td>
    <td><p align="center">价格 </p></td>
    <td width="78"><p align="center">变化 </p></td>
  </tr>
  <tr bgcolor="#FFFFFF">
    <td width="100" rowspan="3"><p align="center"><img src="xs.jpg" width="80" height="80"></p></td>
    <td width="100" rowspan="3"><p align="center">miniplayer </p></td>
    <td width="100"><p align="center">512MB </p></td>
```

```
    <td width="100"><p align="center">699 元 </p></td>
    <td><p align="center">一 </p></td>
  </tr>
  <tr bgcolor="#FFFFFF">
    <td width="100" ><p align="center">1GB </p></td>
    <td width="100" ><p align="center">850 元 </p></td>
    <td ><p align="center">一 </p></td>
  </tr>
  <tr bgcolor="#FFFFFF">
    <td width="100" ><p align="center">2GB </p></td>
    <td width="100"><p align="center">1099 元 </p></td>
    <td align="center">一100 元 </td>
  </tr>
  <tr bgcolor="#FFFFFF">
    <td><p align="center">备注 </p></td>
    <td colspan="4"><p align="center">AAA 电池、FM、USB2.0 </p></td>
  </tr>
</table>
<p></p>
</body>
</html>
```

练习 2：用表单和表格制作注册页

【问题描述】

为了使表单的外观整齐，在实际开发中，需要采用表格布局来排放表单元素，如图 2-16 所示。

【问题分析】

表格应该设置 10 行 2 列，第一行的单元格占据 2 列(跨 2 列)。

参考代码:

```
<html>
<head>
<title>表格和表单综合应用</title>
</head>
<body bgcolor="#E7E7E7">
<form action="" method="post">
<table width="400" border="0" align="center">
        <tr>  <td colspan="2" align="center">申请表</td></tr>
        <tr>
              <td>姓名</td>
        <td><input type="text" name="EName" size="20" maxlength="30" value="" /></td>
    </tr>
    <tr>
              <td>性别</td>
        <td><input type="radio" name="gender" value="male" checked/>男
              <input type="radio" name="gender" value="female" />女</td>
        </tr>
        <tr>
              <td>教育程度</td>
```

```
            <td><input type="checkbox" name="zhuanke">专科
                <input type="checkbox" name="benke">本科
                <input type="checkbox" name="shuoshi">硕士
                <input type="checkbox" name="boshi">博士</td>
        </tr>
        <tr>
            <td>月薪</td>
        <td><input type="text" name="textfield2" /></td>
        </tr>
        <tr>
            <td>附注</td>
        <td><textarea rows="3" cols="30">请在这里输入附注</textarea></td>
        </tr>
        <tr>
            <td>国籍</td>
        <td><select name="select">
                <option value="china">中国</option>
                <option value="american">美国</option>
                <option value="japan">日本</option>
                <option value="singapore">新加坡</option>
            </select></td>
        </tr>
        <tr>
        <td><input type="submit" name="Submit" value="提交" /></td>
        <td><input type="reset" name="reset" value="重置" /></td>
        </tr>
    </table>
</form>
</body>
</html>
```

上述代码的运行结果如图 2-22 所示。

◆ 第二阶段 ◆

练习 3：使用表单做登录系统

【问题描述】

练习使用表单，实现如图 2-23 所示的登录页面。邮件类型下拉菜单中有：免费邮箱、任你邮、U 币、会员中心几个选项。

图 2-22　表单和表格的综合应用

图 2-23　登录页面

练习4：做一个个人简历

【问题描述】

利用所学的表格知识，做一个如图 2-24 所示的个人简历网页。

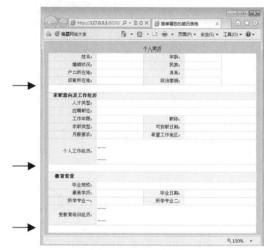

【问题分析】

这个表格有点大，只用一个表格做拆分、合并操作非常复杂，并且很容易影响表格的其他部分。所以在做这种大型表格的时候，要养成把大表格拆分为小表格的习惯。

可以把整个表格分为 3 个小表格，分别对应基本资料、求职意向及工作经历、教育背景 3 块。这样的 3 个小表格之间互相不影响，做好后再把它们并排放在一起。为使页面美观，每个表格底部留一个空白单元格(图中箭头标出的部分)。

图 2-24　个人简历

做每一个小表格的时候，利用单元格的边距、间距结合背景颜色的使用，使表格美观一些。

3 个小表格做好后，如果我们一个一个让它们居中对齐，不仅不方便，而且不容易对它们进行整体控制。解决这个问题的方法是写一个一行一列且边框、边距、间距均为 0 的外围表格，固定这个表格的大小和位置，再把 3 个小表格放进来，这样就解决了 3 个小表格不统一的问题。

【拓展作业】

1. 练习如图 2-25 所示的常用的调查报告表单。
2. 利用表格和表单实现如图 2-26 所示的注册页面。

图 2-25　某网站调查报告

图 2-26　注册页面

单元 三

应用 CSS 样式美化网页

 课程目标

▶ 了解 CSS 的概念

▶ 掌握 CSS 的基本语法

▶ 掌握如何使用样式表

▶ 了解<div>和<span>标签

▶ 了解美化页面的一些属性及功能

简 介

随着网页设计技术的发展，人们已经渐渐不满足原有的一些 HTML 标记，而是希望能够为页面内容添加一些更加绚丽的属性，如鼠标标记、渐变效果等。CSS 技术的发展使这些变成了现实。

3.1　初步认识 CSS

网页技术飞速发展，人们渐渐地不再满足于一些简单的页面效果，更希望页面能够美观、漂亮，并且方便我们去观看、去浏览。随着大家日益增长的页面浏览需求，一种叫做层叠样式表的计算机语言出现在人们的视野中。

3.1.1　什么是 CSS

CSS是层叠样式表的简称，它的英文全称是Cascading Style Sheets，这是一种用来表现HTML或XML等文件样式的计算机语言。我们都知道网页是由内容和格式组成的，网页上的文字和图片是内容，文字的大小、字体、颜色等都是格式，而样式表就是一种控制网页格式的技术。CSS不但可以静态地修饰网页，还可以配合各种脚本语言动态地对网页元素进行格式化。在网页制作时使用CSS技术，可以对网页的布局、字体、颜色、背景和其他效果实现更加精确的控制。CSS文件其实是一种文本文件，后缀名是.CSS，只是采用CSS的语法规则来写，这样浏览器也可以识别，可以将HTML代码和CSS代码分开编写，做到内容和格式相分离，互不干扰，条理也更加清晰。随着CSS3标准被越来越多的浏览器支持，CSS的作用也越来越大，从而和HTML、javascript组成了网页制作的三大元素。

3.1.2　CSS 发展简史

1. CSS 出现的原因

从 1990 年 Web 被 Tim Berners-Lee 和 Robert Cailliau 发明出来，到 1994 年 Web 开始进入人们的生活，样式就以各种形式存在着，只是最初的 HTML 只包含很少的显示属性。而随着 HTML 的发展，在 HTML 中添加了更多的显示功能，使得 HTML 更加臃肿，更加杂乱，为了改善这种情况，人们开始寻找设计以什么样的方式去解决这种困难。

2. CSS 1

哈坤·利在 1994 年芝加哥的一次会议上第一次提出了 CSS 的建议，而当时波特·波斯正在设计一款名叫 Argo 的浏览器，他们决定共同设计 CSS。1995 年的 WWW 网络会议上 CSS 又一次被提出，波斯演示了 Argo 浏览器支持 CSS 的例子，哈肯也展示了支持 CSS 的 Arena 浏览器。同年，W3C 组织成立，1996 年底，CSS 初稿完成，同年 12 月，层叠样式表的第一份正式标准完成，成为 W3C 的推荐标准。

3. CSS 2

1997 年初，W3C 内组织了专管 CSS 的工作组，由克里斯·里雷负责，讨论了一套内容和表现效果分离的方式，在 1998 年 5 月份，推出了 CSS 第二版本。

4. CSS3

1999 年开始制定 CSS3，希望 CSS 向着模块化方向发展，于是，在 2001 年 5 月 23 日 W3C 完成了 CSS3 的工作草案，主要包括盒子模型、列表模块、超链接方式、语言模块、背景、边框、文字特效、多栏布局等模块。CSS3 提供一些新的特性及功能，可以使我们减少一些开发成本和维护成本，并且能够提升页面的性能。

3.1.3 CSS 基本语法

CSS 语法结构如下：

选择器 { 样式属性：属性值 ；样式属性：取值 ；}

其中，选择器可以是多种形式的，例如，要定义 HTML 标记中 H2 的样式，可以使用以下代码。

3.2 CSS 语法结构分析

3.2.1 CSS 属性与选择器(仅保留 3 个主要的选择器)

CSS 的属性很多，可以从网上查阅相关资料。表 3-1 列出了常用的 CSS 属性。

表 3-1 常用的 CSS 属性

属 性	CSS 名 称	说 明
字体属性	font-family	设置或检索文本的字体
	font-size	设置或检索文本字体的大小
	font-style	设置或检索文本的字体样式，即字体风格，主要设置字体是否为斜体。取值范围： normal | italic | oblique
	font-weight	用于设置字体的粗细，取值范围： Normal | bold | bolder | lighter | number

(续表)

属　　性	CSS 名　称	说　　明
颜色及背景属性	color	设置文本的颜色
	background-color	设置背景颜色
	background-image	设置元素的背景图像
文本属性	text-align	设置文本的对齐方式，如：左对齐、右对齐、居中对齐、两端对齐
	text-indent	设置文本第一行的缩进量，取值可以是一个长度或一个百分比
	vertical-align	设置文本的纵向位置
边框属性	border-style	设置边框的样式
	border-width	设置边框的宽度
	border-color	设置边框的颜色
	border-left	设置左边框的属性
尺寸及定位属性	width	设置元素的宽度
	height	设置元素的高度
	left	定位元素的左边距
	top	定位元素的顶边距
	position	设定浏览器如何来定位元素，absolute 表示绝对定位，需要同时使用 left、right、top、bottom 等属性进行绝对定位
	z-index	设置层的层叠先后顺序和覆盖关系

　　CSS 选择器大致可分为元素选择器、Class 选择器、ID 选择器等。下面将逐一讲解这几种主要的选择器。

3.2.2　元素选择器

　　最常见的 CSS 选择器是元素选择器。换句话说，文档的元素就是最基本的选择器。如果设置 HTML 的样式，选择器通常是某个 HTML 元素，比如 p、h1、em、a，甚至可以是 HTML 本身。

```
<html>
<head>
<style type="text/css">
    html {color:black;}
    h1 {color:blue;}
    h2 {color:silver;}
</style>
</head>
<body>
    <h1>这是  heading 1</h1>
    <h2>这是  heading 2</h2>
    <p>这是一段普通的段落。</p>
</body>
</html>
```

在浏览器中的输出结果如图 3-1 所示。

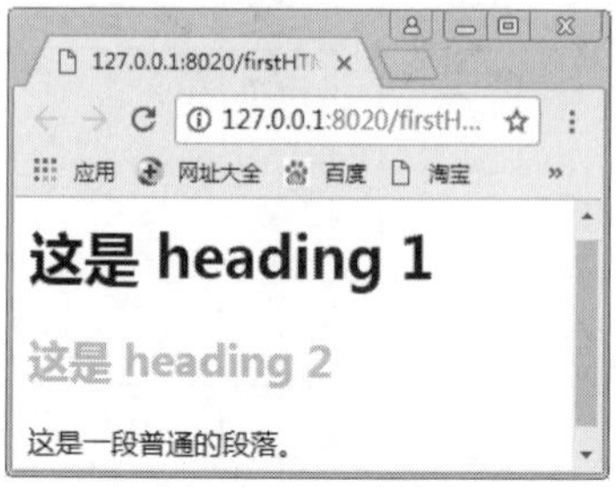

在 W3C 标准中，元素选择器又称为类型选择器(type

图 3-1　使用 HTML 选择器

selector)。类型选择器匹配文档语言元素类型的名称，也匹配文档树中该元素类型的每一个实例。

下面是规则匹配文档树中的所有 h1 元素：

```
h1 {font-family: sans-serif;}
```

因此，我们也可以为 XML 文档中的元素设置样式。

XML 文档：

```
<?xml version="1.0" encoding="ISO-8859-1"?>
<?xml-stylesheet type="text/css" href="note.css"?>
<note>
<to>George</to>
<from>John</from>
<heading>Reminder</heading>
<body>Don't forget the meeting!</body>
</note>
h1 {font-family: sans-serif;}
```

CSS 文档：

```
note
    {
    font-family:Verdana, Arial;
    margin-left:30px;
    }
to
    {
    font-size:28px;
    display: block;
    }
from
    {
    font-size:28px;
    display: block;
    }
heading
    {
    color: red;
    font-size:60px;
    display: block;
    }
body
    {
    color: blue;
    font-size:35px;
    display: block;
    }
```

通过上面的例子可以看出，CSS 元素选择器(类型选择器)可以设置 XML 文档中元素的样式。

在浏览器中的输出结果如图 3-2 所示。

3.2.3 群组选择器

假设希望 h2 元素和段落都有灰色，为达到这个目的，最容易的做法是使用以下声明：

图 3-2 设置 XML 文档元素样式

```
h2, p {color:gray;}
```

将 h2 和 p 选择器放在规则左边，然后用逗号分隔，就定义了一个规则。其右边的样式(color:gray;)将应用到这两个选择器所引用的元素。逗号告诉浏览器，规则中包含两个不同的选择器。如果没有这个逗号，那么规则的含义将完全不同，请参见后代选择器。可以将任意多个选择器分组在一起，对此没有任何限制。

例如，如果用户想把很多元素显示为灰色，可以使用类似如下的规则。

```
body, h2, p, table, th, td, pre, strong, em {color:gray;}
```

 提示

通过分组，可以将某些类型的样式"压缩"在一起，这样就可以得到更简洁的样式表。

以下两组规则能得到同样的结果，不过可以很清楚地看出哪一个写起来更容易。

```
h1 {color:blue;}
h2 {color:blue;}
h3 {color:blue;}
h4 {color:blue;}
h5 {color:blue;}
h6 {color:blue;}
h1, h2, h3, h4, h5, h6 {color:blue;}
```

3.2.4 包含选择器

包含选择器又称后代选择器，后代选择器可以选择作为某元素后代的元素。

我们可以定义后代选择器来创建一些规则，使这些规则在某些文档结构中起作用，而在另外一些结构中不起作用。

例如，如果用户希望只对 h1 元素中的 em 元素应用样式，可以这样写：

```
h1 em {color:red;}
```

上面这个规则会把作为 h1 元素后代的 em 元素的文本变为红色，而其他 em 文本(如段落或块引用中的 em)则不会被这个规则选中。

```
<h1>This is a <em>important</em> heading</h1>
<p>This is a <em>important</em> paragraph</p>
```

当然，用户也可以在 h1 中找到的每个 em 元素上放一个 class 属性，显而易见，后代选择器的效率更高。

3.2.5　CLASS 及 ID 选择器

1. CLASS 选择器

如果有两个不同类别的标签，如<P>和<H2>标签，它们都采用了相同的样式，如何允许它们也共享同一样式呢？此时，可以采用 CLASS 类选择器。

CLASS 类选择器的定义格式如下：

```
.类名
{
样式属性：取值；
样式属性：取值；
    ……
}
```

 注意

类名前面有一"."号，类的名称可以是任意英文单词，或以英文开头与数字的组合，一般以其功能和效果简要命名。

但是，与直接定义 HTML 中的标记样式不同的是：这段代码仅仅定义了样式，并没有应用样式，如果要应用样式中的某个类，还需要在正文中添加如下代码。

```
<P CLASS="类名">……</P>
<H2 CLASS="类名">……</H2>
```

如下示例定义了 text 类选择器。

```
<html>
<head>
<title>内嵌样式表类选择器示例</title>
<style type="text/css">
<!--
.text{
font-family:隶书;
text-decoration:underline;
}
</style>
</head>
<body>
<h2 class="text">梅花——花中君子</h2>
<p>    梅花树的枝干不是很粗，但长得很独特。它们很少像其他树的枝干
那样笔直地伸展开，而多是曲曲折折、盘旋而上。每年大地将要复苏时，深褐色的老枝上便会抽出
一些挺拔的新枝。</p>
<p class="text">    梅花的种类很多，有白如雪的白梅；有粉如霞的宫粉梅；
有晶莹如玉的绿萼梅……</p>
</body>
</html>
```

在浏览器中查看该 HTML 页面时，其输出结果如图 3-3 所示。

<H2>和第二个<P>标签都采用了 text 类选择器，所以字体为隶书，并带下划线。而第一个<P>标签没有采用任何样式，所以按默认样式显示。

由此例可以看出，不同类别的标签可以使用同一类选择器，同一类的标签也可以采用不同的类选择器，类选择器实现了样式的灵活共享。

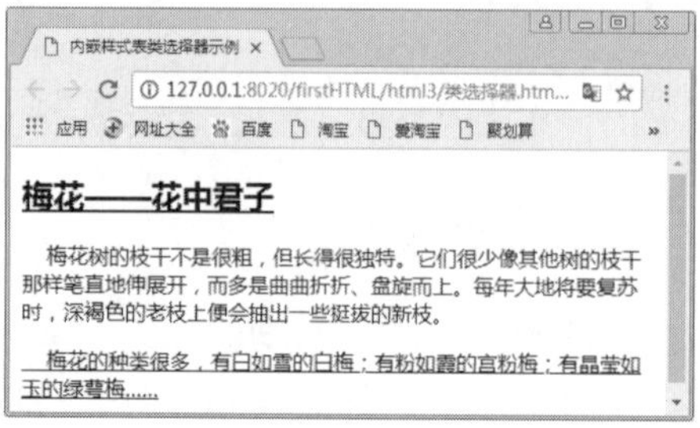

2. ID 选择器

ID 选择器使用 HTML 元素的 ID 属性。

ID 选择器的定义格式如下：

```
#ID 名
{
……样式规则；
}
```

 注意

ID 名前面有#号，ID 的名称可以任意取名，但在整个网页中必须唯一，不能重名。

如果某个标签希望采用该 ID 选择器的样式，其语法格式为：

```
<P ID=" ID 名">…</P>
<H2 ID=" ID 名">…</H2>
```

如下示例定义了 text 类选择器。

```
<html >
<head>
<title>ID 选择器示例</title>
<style type="text/css">
<!--
#text{
font-family:隶书;
text-decoration:underline;
}
</style>
</head>
<body>
<h2 ID="text">梅花——花中君子</h2>
<p ID="text">    梅花树的枝干不是很粗，但长得很独特。它们很少像其他
树的枝干那样笔直地伸展开，而多是曲曲折折、盘旋而上。每年大地将要复苏时，深褐色的老枝上
便会抽出一些挺拔的新枝。</p>
<p >    梅花的种类很多，有白如雪的白梅；有粉如霞的宫粉梅；有晶莹如
玉的绿萼梅……</p>
</body>
</html>
```

图 3-3 类选择器示例

在浏览器中查看该 HTML 页面时，其输出结果如图 3-4 所示。

由于 ID 选择器的功能与 CLASS 选择器一样，并且有时容易与 HTML 标签的 ID 属性相冲突，所以一般不推荐使用。

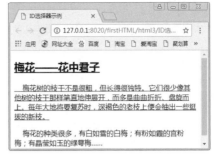

图 3-4 使用 ID 选择器

3.2.6 子元素选择器

子元素选择器(Child selectors)只能选择作为某元素子元素的元素(IE 6 不支持子元素选择器)。

如果用户不希望选择任意的后代元素，而是希望缩小范围，只选择某个元素的子元素，可使用子元素选择器。

例如，如果用户希望选择只作为 h1 元素子元素的 strong 元素，可以这样写：

```
h1 > strong {color:red;}
```

这个规则会把第一个 h1 下面的 strong 元素变为红色，但是第二个 strong 不受影响。

```
<h1>This is <strong>very</strong> important.</h1>
<h1>This is <em>really <strong>very</strong></em> important.</h1>
```

3.2.7 相邻兄弟选择器

如果需要选择紧接在另一个元素后的元素，而且两者有相同的父元素，可以使用相邻兄弟选择器(Adjacent sibling selector)。

例如，如果要增加紧接在 h1 元素后出现的段落的上边距，可以这样写：

```
h1 + p {margin-top:50px;}
```

这个选择器读作：选择紧接在 h1 元素后出现的段落，h1 和 p 元素拥有共同的父元素。

请看下面的文档树片段：

```
<div>
  <ul>
    <li>List item 1</li>
    <li>List item 2</li>
    <li>List item 3</li>
  </ul>
  <ol>
    <li>List item 1</li>
    <li>List item 2</li>
    <li>List item 3</li>
  </ol>
</div>
```

在上面的片段中，div 元素包含两个列表：一个无序列表，一个有序列表。每个列表都包含 3 个列表项，这两个列表是相邻兄弟，列表项本身也是相邻兄弟。不过，第 1 个列表中的列表项与第 2 个列表中的列表项不是相邻兄弟，因为这两组列表项不属于同一父元素（最多只能算堂兄弟）。

请记住，用一个结合符只能选择两个相邻兄弟中的第 2 个元素。请看下面的选择器：

```
li + li {font-weight:bold;}
```

上面这个选择器只会把列表中的第 2 个和第 3 个列表项变为粗体，第一个列表项不受影响。

相邻兄弟结合符还可以结合其他结合符。

```
html > body table + ul {margin-top:20px;}
```

这个选择器解释为：选择紧接在 table 元素后出现的所有兄弟 ul 元素，该 table 元素包含在一个 body 元素中，body 元素本身是 html 元素的子元素。

3.2.8 伪类及伪对象

还有一种特殊的用法，就是指定某个标签的个别属性的样式，许多资料上也称为"伪类"选择器。常见的应用就是超链接，超链接最初不带下划线，当用户将鼠标指针移动至超链接的上方时，便会显示红色的下划线；当用户单击时超链接又变成绿色，并且变得没有下划线。代码如下所示，效果如图 3-5～图 3-7 所示。

```
<html>
<head>
<title>无标题文档</title>
<style type="text/css">
a{      /* 设置超链接不带下划线，text-decoration 表示对
        文本修饰*/
color:blue;
text-decoration:none;
}
a:hover{    /* 鼠标指针在超链接上悬停时，带下划线*/
color:red;
text-decoration:underline;
}
a:active{   /* 活动链接时，颜色为绿色，并不带下划线*/
color:green;
text-decoration:none;
}
</style>
</head>
<body>
<a href="http://www.163.com">我是超链接，移过来后再
    单击我试试看</a>
</body>
</html>
```

图 3-5　不带下划线的超链接

图 3-6　鼠标指针悬停时显示下划线

图 3-7　单击鼠标时不带下划线

伪对象也叫伪元素，用于给某些选择器设置特殊效果。

伪元素的语法如下：

selector:pseudo-element {property:value;}

CSS 类也可以与伪元素配合使用：

selector.class:pseudo-element {property:value;}

:first-line 伪元素

"first-line" 伪元素用于给文本的首行设置特殊样式。

在下面的例子中，浏览器会根据 "first-line" 伪元素中的样式对 p 元素的第一行文本进行格式化。

```
p:first-line
{
color:#ff0000;
font-variant:small-caps;
}
```

伪元素可以与 CSS 类配合使用。

下面的例子会使所有 class 为 article 的段落的首字母变为红色。

```
p.article:first-letter
{
color: #FF0000;
}
<p class="article">This is a paragraph in an article。</p>
```

可以结合多个伪元素来使用。

在下面的例子中，段落的第一个字母将显示为红色，其字体大小为 xx-large。第一行中的其余文本将为蓝色，并以小型大写字母显示。段落中的其余文本将以默认字体大小和颜色来显示。

```
p:first-letter
  {
  color:#ff0000;
  font-size:xx-large;
  }
p:first-line
  {
  color:#0000ff;
  font-variant:small-caps;
  }
```

3.2.9 通配选择器

和很多语言一样，*符号在 CSS 里代表所有，即通配选择器。

例如：

```
*{ font-size: 12px; }
```

该例表示将网页中所有元素的字体定义为 12 像素，当然，这仅是举个例子，一般不会做这么极端的定义。

在实际应用中，下面的情况比较常见：

```
*{
    margin: 0;
    padding: 0;
}
```

这个定义的含义是将所有元素的外边距和内边距都定义为 0，而在具体需要设定内外边距的时候，再具体定义。从这个例子可以看出，通配选择器的作用更多是用于对元素的一种统一预设定。

通配选择器也可以用于选择器组合中：

```
div *{ color: #FF0000; }
```

该例表示在<div>标签内的所有字体颜色为红色。

有一种例外的情况：

```
body *{ font-size:120%; }
```

这时候它表示相乘，当然 body 也可以换成别的选择器标签。由于这种效果取决的因素较多，一般不常使用。

3.3 CSS 美化页面

网页主要由 HTML、CSS、JavaScript 这三个主要部分构成，而 CSS 的主要作用就是用来美化网页的。我们从网页上看到的一些漂亮的样式，其实是由 CSS 来呈现给大家的，比如 CSS 技术可以帮助我们控制网页中字体的大小、页面宽度、页面内容的位置、字体的样式、背景图片、背景颜色、图片及文字的呈现等，CSS 的出现，使页面呈现出更加唯美的形态。

3.3.1 美化网页文字

当打开一个网页时，我们会发现网页上的字体不都是完全一致的，会看到字体的颜色、大小、间距、字体系列、风格、变形等都可能是不相同的，这是因为我们对网页上的内容通过 CSS 技术进行了美化操作。

```
<html>
<head>
<meta charset="UTF-8">
<title>使用 CSS 美化文字</title>
```

```
<style type="text/css">
    span{text-decoration: underline;}
    p.word1{font-family: "微软雅黑";text-indent: 5em;}
    p.word2{font-size: 200%;text-align: center;}
    p.word3{font-variant:small-caps ; background-color: burlywood;}
    p.word4{font-weight: bolder;color: orangered;}
</style>
</head>
<body>
    <h1>使用 CSS 来美化文字</h1>
    <span>修饰文本</span>
    <p class="word1">reading makes a full man</p>
    <p class="word2">conference a ready man</p>
    <p class="word3">writing an exact man</p>
    <p class="word4">modesty helps one to go forward</p>
</body>
</html>
```

IE 浏览器对有些属性难以支持，为了展示出良好的效果，在本单元中统一使用谷歌浏览器进行浏览。通过浏览器查看该 HTML 页面时，其输出结果如图 3-8 所示。

从图中可以看出，通过 CSS 对文字进行了多方位的美化，包含字体的选择、字体大小、字体颜色、背景颜色、字体修饰等方面，大家可以从 CSS 文档中去学习了解这些属性的功能和用法。font-family 属性定义文本的字体系列，在 CSS 中有 2 种不同类型的字体系列名称。

图 3-8　使用 CSS 美化文字

1　通用字体系列

CSS 共定义了 5 种通用字体，分别是 Serif 字体、Sans-serif 字体、Monospace 字体、Cursive 字体、Fantasy 字体。

2　特定字体系列

本示例中，我们使用 font-family 属性来定义文本的指定字体系列：微软雅黑。

font-size 属性设置了字体的大小，font-size 值可以是绝对值或相对值，当值为绝对值时，需要将文本设置为指定的大小，不允许用户在浏览器中改变字体大小；当为相对值时，需要我们相对于周围的元素来设置字体大小，可以在浏览器中改变字体大小，如果没有设置字体大小，普通文本默认大小是 16 像素。

- font-variant 属性设置小写字母转化为大写字母的小形字体显示，也就是所有的小写字母都会转换为大写，但是所有转换的字体，与其他文本相比，尺寸会更小。
- font-weight 属性用来设置文本的粗细。
- text-indent 属性规定文本块中首行文本的缩进，从图 3-8 中大家可以看到，与其他文本相比，缩进了 5em。

- text-align 属性用来设置文本的对齐方式，值有 left、right、center 等，分别是左对齐、右对齐、居中对齐，其中左对齐是默认值。

- background-color 属性定义的是背景颜色，color 属性定义的是字体颜色。

- text-decoration 用于向文本添加修饰，值分别是 none、underline、overline、line-through、blink 等，分别是无修饰、文本下有一条横线、文本上有一条横线、穿过文本一条横线、文本闪烁。其中 none 是默认值。

3.3.2 美化网页图片

在每个网页中，我们总是可以看到很多的图片、各种不同的形状及展示效果，丰富了页面的内容，让每个人更直观地了解到页面上所呈现的内容，图文并茂，不会像以前的页面那样仅仅只有一堆的文字，显得单调枯燥。这些不同的图片展示效果大家自己就可以通过 CSS 技术呈现出来。

```html
<html>
<head>
<meta charset="UTF-8">
<title>CSS 美化图片</title>
<style type="text/css">
    img{width: 100px;border: 3px solid red;}
    .fillet{border-radius: 20px;}
    .oval{border-radius: 50%;}
    .thumb{border: 1px solid #ddd; border-radius: 4px; padding: 5px;}
    .filter{filter: brightness(50%);}
</style>
</head>
<body>
<h3>美化图片</h3>
    <img src="../img/flh.jpg" alt="火梨花" />
    <img class="fillet" src="../img/flh.jpg" alt="火梨花" />
    <img class="oval" src="../img/flh.jpg" alt="火梨花" />
    <img class="thumb" src="../img/flh.jpg" alt="火梨花" />
    <img class="filter" src="../img/flh.jpg" alt="火梨花" />
</body>
</html>
```

IE 浏览器暂不支持滤镜功能，在谷歌浏览器中查看该 HTML 页面，其输出结果如图 3-9 所示。

一排第一个图片是未加修饰的图片；第二个图片使用 border-radius 属性来进行修饰，我们可以看到图片呈圆角显示；第三张图片呈现椭圆显示；第二排第一张图片是缩略图显示;第二排第二张图片是使用 filter 属性来为元素添加可视效果。需要注意 IE 浏览器不支持该属性，这是图片过滤后的效果。每张图片展示的形状或状态都不一样，通过这些展示，页面的交互效果更加漂亮。

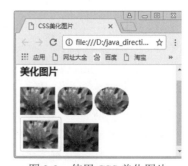

图 3-9　使用 CSS 美化图片

3.3.3 美化网页背景

有时为了区别网页上的一些元素或者为了使某些元素更加醒目，我们会添加一些背景来更好地呈现页面想要展示的内容。

```
<html>
<head>
<meta charset="UTF-8">
<title>CSS 美化背景</title>
<style type="text/css">
    h3{background-color: cornflowerblue;}
    .imgs{background-image:url(../img/xiaotubiao.png);width:100px;padding:20px;
background-repeat: repeat;}
</style>
</head>
<body>
    <h3>国家富强，民族振兴，人民幸福。</h3>
    <p class="imgs">富强、民主、文明、和谐，自由、平等、公正、法治，爱国、敬业、诚信、
    友善
</p>
</body>
</html>
```

在浏览器中查看该 HTML 页面时，其输出效果如图 3-10 所示。

background-color 属性用来给文本设置背景颜色，为了页面的美观、合理，可以选用不同的颜色。

background-image 属性为元素设置背景图像。url("URL")指向图像的路径，background-repeat 属性用于定义背景图像是否以及如何重复，值有 repeat、repeat-x、repeat-y、no-repeat，分别是背景图片将在垂直和水平方向重复、背景图像在水平方向重复、背景图像在垂直方向重复、背景图像仅显示一次，其中 repeat 是默认值。

图 3-10 使用 CSS 美化背景

3.3.4 美化网页边框

以前，大家都通过使用表格来创建文本周围的边框，如今我们却可以使用 CSS 边框属性来创建出同样甚至更加好看的边框，并且可以应用到任何元素上。元素边框就是围绕元素和内边距的一条或多条线，大家可以对边框的样式、宽度、颜色进行美化。

```
<html>
<head>
<meta charset="UTF-8">
<title>CSS 美化边框</title>
<style type="text/css">
```

```
    .first{border-style: dashed double solid dotted; border-width: 5px;
    border-color: blue red gold cyan;}
</style>
</head>
<body>
    <h3>CSS 美化边框</h3>
    <p class="first">Nothing is too difficult if you put your heart into
    it</p>
</body>
</html>
```

在浏览器中查看该 HTML 页面时，其输出效果
如图 3-11 所示。

border-style 属性定义了边框的样式，可以定义
一到多个样式。当定义多种样式时，中间用空格隔
开，这里的值默认采用的是 top-right-bottom-left 的
顺序，也就是上、右、下、左的顺序；当定义单边
样式时，可以使用单边边框样式属性 border-top-
style、border-right-style、border-bottom-style、border-
left-style 来设置。

图 3-11　使用 CSS 美化边框

border-width 属性为边框指定宽度，边框可以直接赋值，比如 5px 或 2em，也可以使用
thin、medium、thick，其中 medium 是默认值。在设置边框宽度时，我们一定要设置边框
样式，如果没设置边框样式，也就看不到边框了。对于边框样式 border-style，它的默认值
是 none。所以，如果想要看到边框的出现，就必须设置一个可见的边框样式。

border-color 属性是用来设置边框颜色的，最多可以一次接受 4 个颜色值，值可以是命
名颜色、十六进制、RGB 值，边框默认颜色是我们所声明的文本颜色。如果边框没有文本，
那么这个边框的颜色是父元素的文本颜色，父元素可能是 body 或者其他。

3.3.5　美化网页表格

在网页上，我们都会看到表格的呈现，表格会有各种不同的呈现方式，在丰富网页内
容的同时也使整个结构更加合理，更符合人们的认知。如果还是做成单纯的几行几列的表
格，显然已经不太符合现代人的审美要求，大家可以使用 CSS 来对表格进行美化。

```
<html>
<head>
<meta charset="UTF-8">
<title>CSS 美化表格</title>
<style type="text/css">
    table{border-collapse: collapse; width: 100%;}
    table,th,td{border: 1px solid blue;}
    th{height: 30px; background-color: powderblue; color: brown;}
    td{text-align: center;padding: 20px;}
</style>
```

```
</head>
<body>
    <table>
        <tr><th>姓名</th><th>性别</th></tr>
        <tr><td>雷军</td><td>男</td></tr>
        <tr><td>董明珠</td><td>女</td></tr>
    </table>
</body>
</html>
```

　　在浏览器中查看该 HTML 页面时，其效果如图 3-12 所示，和普通的表格进行对比，显得更加美观漂亮。

　　border-collapse 属性用来设置是否把表格边框合并成单一边框，值为 separate、collapse，分别是边框被分开、边框合并为一个单一边框，其中 separate 是默认值，大家可以根据需求进行相对应的设置。

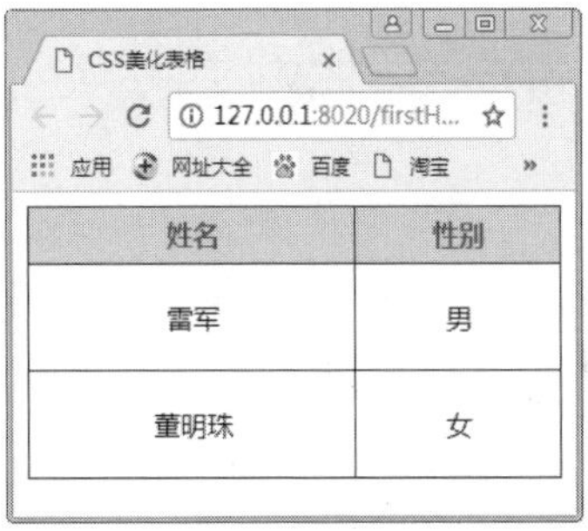

图 3-12　使用 CSS 美化表格

3.3.6　美化网页表单

　　表单在页面的运用上非常广，通常在进入网站时，大家会发现，可以进行一些浏览阅读操作。如果想要下载某些好的内容，就必须要有账号才可以去下载，这就需要我们先进行网站注册、网站登录等操作。其实这些页面大多都是以表单的形式存在的，因此表单做得是不是漂亮，是大家喜欢上一个网站的第一步，所以，对于表单的美化就显得尤为重要。

```
<html>
<head>
<meta charset="UTF-8">
<title>CSS 美化表单</title>
<style type="text/css">
    table{border: 1px solid royalblue;border-radius: 8px;background-color: lightyellow;} td{text-align:
center;}
    input{background-color: lightblue;}
    .sub{background-color:darkgray;font-family: "宋体";font-size:20px ;}
     .res{background-color: orangered; font-size: 20px;}
</style>
</head>
<body>
    <form name="form1" method="post" action="">
    <table>
    <tr><td>姓名：</td><td><input type="text" name="username"></td>
    </tr>
    <tr><td>密码：</td>
    <td><input type="password" name="password"></td></tr>
    <tr><td colspan="2" class="btn">
    <input class="sub" type="submit" name="commit" value="登录" />
    <input class="res" type="reset" name="reset" value="重置"></td></tr>
    </table></form>
```

75

```
</body>
</html>
```

在浏览器中查看该 HTML 页面时，其效果如图 3-13 所示。

通过 CSS 美化后的表单，无论是文本字体还是表格及按钮，看起来都显得更加有型，更加立体化，让大家情不自禁地就想先注册个账号，登录进这个网站去浏览阅读一番。

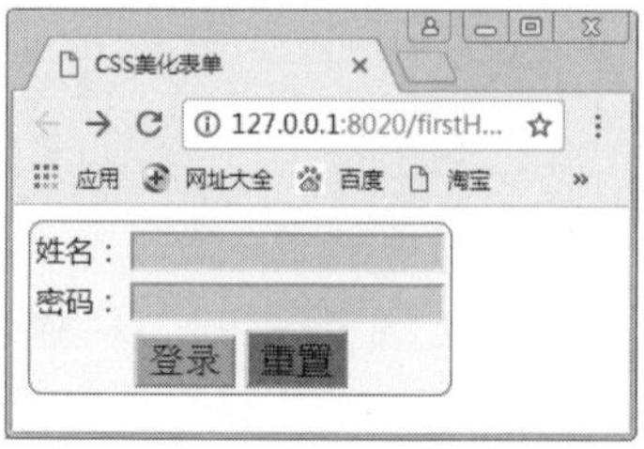

图 3-13　使用 CSS 美化表单

3.3.7　美化网页导航

导航栏是现行主流网站都必须具备的，通过导航栏，我们可以非常直观地了解到该网站所要表达的主要内容，对于网站的每个部分大家可以一目了然。能够有一个漂亮的导航条对于每个网站都是非常重要的。

```html
<html>
<head>
<meta charset="UTF-8">
<title>CSS 美化导航条</title>
<style type="text/css">
    ul{list-style-type: none;margin: 0; padding: 0;}
    li{float: left;}
    a:link,a:visited{display:block;width:100px;background-color:
    #FF7B00;color: white;text-decoration: none;font-weight: bold;}
    a:hover,a:active{background-color:cornflowerblue;}
</style>
</head>
<body>
  <ul
    <li><a href="CSS 美化图片.html">CSS 美化图片</a></li>
    <li><a href="CSS 美化背景.html">CSS 美化背景</a></li>
    <li><a href="CSS 美化表单.html">CSS 美化表单</a></li>
    <li><a href="CSS 美化表格.html">CSS 美化表格</a></li>
    <li><a href="CSS 美化文字.html">CSS 美化文字</a></li>
  </ul>
</body>
</html>
```

在浏览器中查看该 HTML 页面时，其效果如图 3-14 所示。

当把鼠标悬停在导航栏上时，其效果如图 3-15 所示。

- list-style-type 属性用来设置列表项标记的类型，none 是无标记；disc 是默认值，是实心圆标记；circle 为空心圆标记；square 是实心方块标记。

- display 属性用来设置以及如何显示元素，值为 none 则不会显示元素；如果为 block，则元素显示为块级元素，元素前后会带有换行符；默认值是 inline，元素显示为内联元素，元素前后无换行符。

图 3-14 使用 CSS 美化导航

图 3-15 鼠标悬停导航显示

当鼠标悬停在导航栏中某一项上时，大家可以看到其背景颜色改变了，这样展示的导航栏就会非常醒目，而且也易于发现我们目前所访问的数据是哪一条。

3.3.8 美化网页菜单

有网页的地方都会出现导航栏，有导航通常都会有下拉菜单，下拉菜单是对导航的一种补充，更加丰富和增添了导航的内容。所以，下拉菜单的重要性是不言而喻的。

```html
<html>
<head>
<meta charset="UTF-8">
<title>CSS 美化菜单</title>
<style type="text/css">
    ul{list-style-type: none;margin: 0; padding: 0;overflow:
        hidden;background-color:gray ;}
    li{float: left;}
    li a, .dropbtn {display: inline-block;color: white;text-align:
    center;padding: 14px 16px;text-decoration: none;}
    li a:hover, .dropdown:hover .dropbtn {background-color:green;}
    .dropdown {display: inline-block;}
    .dropdown-content {display: none;position:
    absolute;background-color:darkgray;
        min-width: 125px;box-shadow: 0px 8px 16px 0px rgba(0,0,0,0.2);}
    .dropdown-content a {color: white;padding: 12px 16px;
        text-decoration: none;display: block;}
    .dropdown-content a:hover {background-color: lightpink;}
    .dropdown:hover .dropdown-content {display: block;}
</style>
</head>
<body>
  <ul>
    <li><a href="CSS 美化图片.html">CSS 美化图片</a></li>
    <li><div class="dropdown">
    <a href="CSS 美化背景.html">CSS 美化背景</a>
    <div class="dropdown-content">
    <a href="#">美化图片</a><a href="#">美化文字</a>
    <a href="#">美化多彩色</a></div></div></li>
    <li><a href="CSS 美化表单.html">CSS 美化表单</a></li>
    <li><a href="CSS 美化表格.html">CSS 美化表格</a></li>
    <li><a href="CSS 美化文字.html">CSS 美化文字</a></li>
  </ul>
```

```
</body>
</html>
```

在浏览器中查看该 HTML 页面时，其输出结果如图 3-16 所示。

overflow 属性用来设置当内容溢出元素框时发生的情况，在本案例中使用 hidden 会出现如果内容溢出时，内容被修剪并且其余内容不可见；值为 visible

图 3-16　使用 CSS 美化网页菜单

时，内容不会被修剪，会呈现在元素框外，是默认值；值为 auto 时，如果内容被修剪，则浏览器会显示滚动条以便查看其余内容；值为 scroll 时，内容会被修剪，但浏览器会显示滚动条以便查看其余内容。

position 属性用来定位元素，这个在后面章节会讲到。

box-shadow 属性是为了向边框添加一个或多个阴影，语法格式为：

```
box-shadow:h-shadow v-shadow blur spread color insert;
```

其中 h-shadow 和 v-shadow 是必选项，其余都是可选项，h-shadow 和 v-shadow 分别是水平和垂直阴影的位置，可以是负值；blur 是模糊距离；spread 是阴影的尺寸；color 是阴影的颜色；insert 可以将外部阴影改为内部阴影。

3.4　将 CSS 应用于网页

根据样式代码的位置不同，可以将样式分为三类：

- 行内样式表
- 内部样式表
- 外部样式表

3.4.1　行内样式表

如果希望某段文字和其他段落文字的显示风格不一样，那么采用"行内样式"比较合适。

行内样式使用元素标签的 STYLE 属性定义，例如，两段文字需要采用不同的字体显示，如图 3-17 所示，则可在标签内加上 style 属性，如下所示。

```
<html>
<head>
<title>行内样式表示例</title>
</head>
<body>
<p style="font-family:'楷体';">庐山美景——
```

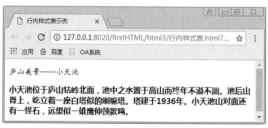

图 3-17　行内样式表示例

```
小天池</p>
  <p style="font-weight:bold">小天池位于庐山牯岭北面，池中之水置于高山而终年不溢不涸。池后山
脊上，屹立着一座白塔似的喇嘛塔。塔建于 1936 年。小天池山对面还有一怪石，远望似一雄鹰伸
颈欲鸣。
  </p>
  </body>
  </html>
```

从上面的示例可以看出，行内样式就是修饰某个标签，规定的样式只对所修饰的标签
有效。如此例中分别规定了两个<P>标签的样式。

这种方法简单有效，适合于单个标签。但是，如果有许多同类的标签，如都是<P>标
签，希望采用同一样式，那么，如果在每个<P>标签内都加上重复的样式代码，将比较麻
烦。这时可以采用内嵌样式，即把样式统一放置在<HEAD>标签内。

3.4.2　内部样式表

内部样式表(内嵌样式表)也称为嵌入样式表，它放置在<HEAD>标签内，格式如下：

```
<HEAD>
<STYLE TYPE="TEXT/CSS">
//……样式规则……
</STYLE>
</HEAD>
```

其中，<STYLE>、</STYLE>分别代表样式的开始和结束。
定义好某个标签(如<p>)的样式后，所有同类的标签(如<p>)都将采用该样式。

3.4.3　外部样式表

无论是行内样式还是内嵌样式，都实现了在同一个网页内，各个标签可以采用自己希
望的样式。但这远远不够，因为在开发网站时，可能希望整个网站的所有网页都采用同一
样式，这怎么办呢？你肯定想到了，把这些样式从<HEAD>标签中提取出来，放入一个单
独的文件，然后和每个网页关联不就可以了吗？完全正确，这就是外部样式表。

根据样式文件与网页的关联方式，外部样式表可分为两种：链接外部样式表和导入样
式表。

1. 链接外部样式表

链接外部样式表是指通过 HTML 的 LINK 标签，把样式文件和网页建立关联，而这个
<LINK>标签必须放到页面的<HEAD>区域内，其语法格式如下：

```
<head>
<link rel="stylesheet" type="text/css" href="样式表文件.css"
</head>
```

在该语法中，浏览器以文档格式从样式表文件中读出定义的样式表。Rel="stylesheet"

是指在页面中使用的是外部样式表；type="text/css"是指文件的类型是样式表文本；href 参数用来指定文件的地址，可以是绝对地址或相对地址。

具体创建步骤如下所示。

(1) 创建外部样式表文件：新建文本文档，把以前写在<HEAD>中的样式规则写入这个文件即可，保存时以.css 为扩展名，假设取名为 mystyle.css。

mystyle.css 文件的代码如下。

```
p{
font-family:宋体;
font-size:36px;
}
    . text{
    background-color:blue;
    font-size:18px;
}
```

(2) 把样式文件和网页关联：假定某个网站中的 3-8.html 和 3-9.html 网页都引用 mystyle.css 样式表。其代码如下。

3-8.html 文件：

```
<html>
<head>
<title>外部样式表示例</title>          引用外部样式表文件 mystyle.css
<link rel="stylesheet" type="text/css" href="mystyle.css" />
</head>

<body>
<p>HTML 语言是制作网页的基础语言
<p class="text">作为一个网页制作爱好者或者专业的网页设计师，HTML 语言知识是不可或缺的。
</body>
</html>          采用 mystyle.css 文件中规定的<p>链接样式显示
```

在浏览器中查看该页面时，输出结果如图 3-18 所示。

3-9.html 文件：

图 3-18　外部样式表示例

```
<html >
<head>
<title>外部样式表示例</title>
<link rel="stylesheet" type="text/css"
    href="mystyle.css" />
</head>
<body>
<h3>轩辕剑三外传：天之痕</h3>
<hr>
<p class="text">    神州大地上，从神话时代流传下来十种上古神器——
钟、剑、斧、壶、塔、琴、鼎、印、镜、石。它们各自有着迥然不同的绝世力量。只要稍加利用即
可纵横四海，无敌天下。但它们的下落，已湮灭于神州漫长之乱世历史中。
<p>    除了轩辕剑，还有创世神开天辟地使用的神器炼妖壶，在上古英雄
```

的手中辗转流传，在这些古人的庇佑下，中国到了文化鼎盛的时代——隋唐。
</body>
</html>

在浏览器中查看该页面时，输出结果如图 3-19 所示。

图 3-19　外部样式表示例

2. 导入样式表

在网页中，还可以使用@import 方法导入样式表，其格式如下。

```
<head>
<style type="text/css">
@import 样式表文件.css
选择器{样式属性：取值；样式属性：取值；…}
…
</style>
</head>
```

 注意

在使用时，需要注意的是导入外部样式表，也就是@import 声明必须在样式表定义的开始部分，而其他样式表的定义都要在@import 声明之后。

【单元小结】

- 样式表由样式规则组成，这些规则告诉浏览器如何显示文档。样式表是将样式(如字体、颜色、字号等)添加到网页中的简单机制。
- 样式表包括选择器和样式规则，选择器又分为元素选择器、CLASS 选择器和 ID选择器。
- 根据样式代码的位置不同，可以将样式分为三类：行内样式表、内部样式表和外部样式表。

【单元自测】

1. (   )属性指定字体样式为：正常、斜体和偏斜体。
   A. font style   B. font family
   C. line height   D. font designer sight

2. 要链接到外部样式表 mystyle.css，下列代码正确的是(   )。
   A. <head><link rel="mystyle.css" …></head>
   B. <head><link href="mystyle.css"></head>
   C. <head><style><link rel="mystyle.css" …></style></head>
   D. <head><style><link href="mystyle.css" …></style></head>

3. 为了在网页中将 H1 标题定位于左边距为 100px、上边距为 50px 处，效果如图 3-20 所示，下面代码正确的是(   )。

A.
```
h1{
    position:absolute;
    left:100px;
    top:50px;
}
```

B.
```
h1{
    left:100px;
    top:50px;
}
```

C.
```
h1{
    left:100;
    top:50;
}
```

D.
```
h1{
    position:absolute;
    left:100;
    top:50;
}
```

图 3-20　H1 标题定位

4. 在样式表中(   )属性设置文本框的边框粗细。
   A. border   B. border-style   C. border-size   D. border-width

5. 下列哪一项是 box-shadow 属性的必备元素(   )。
   A. color   B. insert   C. v-shadow   D. blur

【上机实战】

上机目标

- 使用行内样式表、内嵌样式表、外部样式表及其关联
- 对表单元素使用样式表
- 使用层

上机练习

◆ 第一阶段 ◆

练习1：第一个程序

【问题描述】

对表单元素中的文本框和按钮应用样式，改变文本框的边框颜色和文字颜色，并将按钮的字体变大。

【问题分析】

对按钮的字体使用行内样式表，定义一个类选择器。

参考代码：

```
<html>
<head>
<meta charset="utf-8"/>
<style type="text/css">
.myinput
{
border: 2px solid;
border-color:#D4BFFF;
color:#2A00FF
}
</style>
</head>
<body>
<formaction="http://www.hubei.com" method="post">
<p>用户名
<input name="textfield" type="text" class="myinput"></p>
<p>密  码
<input name="textfield" type="password" class="myinput">
</p>
<p>
    <input name="Submit" type="submit" value=" 提 交 " style="font-size:20px;">
    <input type="submit" name="Submit" value=" 重 填 "  style="font-size:20px;">
</p>
</form>
</body>
</html>
```

输出结果如图 3-21 所示。

练习2：样式的混合使用

【问题描述】

要求使用外部样式表、行内样式表、内嵌样式表完成下面的网页设计。

图 3-21 对表单元素使用样式

【问题分析】

编写 newstyle.css 样式表，然后在 HTML 页面文件中为相应的元素添加样式。

参考代码：

newstyle.css 代码如下所示。

```
p {
    /*设置段落<P>的样式：字体和背景色*/
    font-family: System;
    font-size: 18px;
    color: #FF00CC;
}
h2 {
    /*设置<H2>的样式：背景色和对齐方式*/
    background-color: #CCFF33;
    text-align: center;
}
a {
    /*设置超链接不带下划线，text-decoration 表示文本修饰*/
    color: blue;
    text-decoration: none;
}
a:hover {        /*鼠标指针在超链接上悬停，带下划线*/
    color: red;
    text-decoration:underline;
}
```

HTML 页面文件代码如下所示。

```
<html>
<head>
<title>样式的混合使用</title>
<link href="newstyle.css" rel="stylesheet" type="text/css">
</head>
<body>
<h2><IMG src="001.gif" width="180" height="150">
    <br/>
各种惊喜等你拿</h2>
<ul>
    <li><a href="first.htm">惊喜第一重：Q 宏圣诞袜</a></li>
    <li><a href="second.htm">惊喜第二重：圣诞礼包大抢购</a></li>
    <li><a href="third.htm">惊喜第三重：Q 宏温馨送祝福</a></li>
</ul>
<h4>圣诞礼包大抢购</h4>
<p style=" font-size:14; font-style:italic; color: #00FF00 ">[摘要]<br/>
诞旦相连献好礼，Q 宠社区为您精心准备一批诞旦大礼包，内容丰富。购买礼包的同时，还可获
得圣诞礼盒一只。您可以选择将圣诞礼盒送给您的好友，让他/她分享圣诞的喜悦！</p>
<p>圣诞树下有 3 种诞旦礼包大抢购，面值分别为 3Q 币、5Q 币、10Q 币，以满足您的不同需求。
每次购买礼包可获得圣诞礼盒一只，礼盒中包含的物品是随机的，均为没有出售的神秘物品。当
然，选择越贵的礼包，得到的礼盒价值也越高哦！</p>
</body>
</html>
```

上述代码的运行结果如图 3-22 所示。

图 3-22 样式的混合使用

◆ 第二阶段 ◆

练习 3：利用 CSS 的属性实现图示的效果

【问题描述】
对标签设置属性，需要设定的属性值有 top、left，如图 3-23 所示。

图 3-23 使用 CSS 属性

【拓展作业】

1. 使用行内样式表实现如图 3-24 所示的效果，图中对最下面的一段话应用了行内样式。
2. 使用 ID 选择器实现如图 3-25 所示的效果。
3. 使用样式表和层实现如图 3-26 所示的效果。
4. 使用样式表和表格(或层)实现如图 3-27 所示的效果。

图 3-24　行内样式表的使用

图 3-25　ID 选择器的使用

图 3-26　样式表和层的使用

图 3-27　样式表和表格的使用

单元 四

基于 DIV+CSS 的网页
布局与定位

 课程目标

▶ 理解表现和结构分离

▶ 掌握如何使用 DIV

▶ 掌握如何使用盒子模型

▶ 掌握如何使用浮动定位

 **简 介**

DIV+CSS 网页布局一直以来都是 CSS 制作网站的精华，一个好的网站多半是由于其合理且有意义的布局而使得网站更具表现力。

4.1 理解表现和结构分离

对于初学者，我们常看见 web 标准的好处之一是"能做到表现和结构相分离"，这到底是什么意思呢？下面以一个实际的例子来详细说明。首先我们必须明白一些基本的概念：内容、表现、结构。

4.1.1 什么是内容、表现、结构

1. 内容

内容就是页面实际要传达的真正信息，包含数据、文档或者图片等。注意这里强调的"真正"，是指纯粹的数据信息本身。例如，一个不包含辅助的信息，导航菜单、装饰性图片等。举个例子，下面这段文本是页面要表现的信息。

忆江南(1)唐.白居易江南好，风景旧曾谙。(2)日出江花红胜火，春来江水绿如蓝，(3)能不忆江南？作者介绍 772－846，字乐天，太原(今属山西)人。唐德宗朝进士，元和三年(808)拜左拾遗，后贬江州(今属江西)司马，移忠州(今属四川)刺史，又为苏州(今属江苏)、同州(今属陕西大荔)刺史。晚居洛阳，自号醉吟先生、香山居士。其诗政治倾向鲜明，重讽喻，尚坦易，为中唐大家。也是早期词人中的佼佼者，所作对后世影响甚大。注释(1)据《乐府杂录》，此词又名《谢秋娘》，系唐·李德裕为亡姬谢秋娘所作，又名《望江南》、《梦江南》等。分单调、双调两体，单调二十七字，双调五十四字，皆平韵。(2)谙(音安)：熟悉。(3)蓝：蓝草，其叶可制青绿染料。品评此词写江南春色，首句"江南好"，以一个既浅切又圆活的"好"字，道尽江南春色的种种佳境，而作者的赞颂之意与向往之情也尽寓其中。同时，唯因"好"之已甚，方能"忆"之不休，因此，此句又以问语结句"能不忆江南？"，并与之相关合。次句"风景旧曾谙"，点明江南风景之"好"，并非得之传闻，而是作者出牧杭州时的亲身体验与感受。这就既落实了"好"字，又照应了"忆"字，勾勒了一幅颇为美妙的精彩画面。三、四两句对江南之"好"进行了形象化的演绎，突出渲染江花、江水红绿相映的明艳色彩，给人以光彩夺目的强烈印象。其中，既有同色间的相互烘托，又有异色间的相互映衬，充分显示了作者善于着色的技巧。篇末，以"能不忆江南？"收束全词，既寄托出生在洛阳的作者对江南春色的无限赞叹与怀念，又造成一种悠远而又深长的韵味，把读者带入余情摇漾的境界中。

2. 结构

可以看到上面的文本信息本身已经完整，但是混乱一团，难以阅读和理解。我们必须把它格式化一下，分成标题、作者、章、节、段落和列表等。

标题　忆江南(1)

作者　唐.白居易

正文

江南好，风景旧曾谙。(2)

日出江花红胜火，春来江水绿如蓝，(3)

能不忆江南？

节1　作者介绍

772－846，字乐天，太原(今属山西)人。唐德宗朝进士，元和三年(808)拜左拾遗，后贬江州(今属江西)司马，移忠州(今属四川)刺史，又为苏州(今属江苏)、同州(今属陕西大荔)刺史。晚居洛阳，自号醉吟先生、香山居士。其诗政治倾向鲜明，重讽喻，尚坦易，为中唐大家。也是早期词人中的佼佼者，所作对后世影响甚大。

节2　注释

列表

(1) 据《乐府杂录》，此词又名《谢秋娘》，系唐·李德裕为亡姬谢秋娘所作，又名《望江南》、《梦江南》等。分单调、双调两体，单调二十七字，双调五十四字，皆平韵。

(2) 谙(音安)：熟悉。

(3) 蓝：蓝草，其叶可制青绿染料。

节3　品评

此词写江南春色，首句"江南好"，以一个既浅切又圆活的"好"字，道尽江南春色的种种佳境，而作者的赞颂之意与向往之情也尽寓其中。同时，唯因"好"之已甚，方能"忆"之不休，因此，此句又以问语结句"能不忆江南？"，并与之相关合。次句"风景旧曾谙"，点明江南风景之"好"，并非得之传闻，而是作者出牧杭州时的亲身体验与感受。这就既落实了"好"字，又照应了"忆"字，勾勒了一幅颇为美妙的精彩画面。三、四两句对江南之"好"进行了形象化的演绎，突出渲染江花、江水红绿相映的明艳色彩，给人以光彩夺目的强烈印象。其中，既有同色间的相互烘托，又有异色间的相互映衬，充分显示了作者善于着色的技巧。篇末，以"能不忆江南？"收束全词，既寄托出身在洛阳的作者对江南春色的无限赞叹与怀念，又造成一种悠远而又深长的韵味，把读者带入余情摇漾的境界中。

3. 表现

虽然定义了结构，但是内容还是原来的样式没有改变，例如，标题字体没有变大，正文的颜色也没有变化，没有背景，没有修饰。所有这些用来改变内容外观的东西，我们称之为"表现"。将上面的文本用表现处理后的效果如图4-1所示。

很明显，我们加了两种背景，将标题字体变大并居中，将小标题加粗并变成红色等。

所有这些，都是"表现"的作用。它使内容看上去漂亮、可爱多了！有个形象的比喻：内容是模特，结构标明头和四肢等各个部位，表现则是服装，将模特打扮得漂漂亮亮。

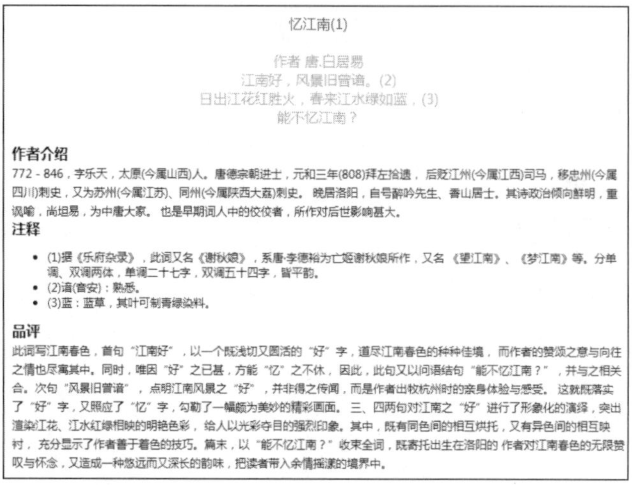

图 4-1　使用<DIV>标签

4.1.2　DIV 与 CSS 结合的优势

1. 表现和内容相分离

将设计部分剥离出来放在一个独立样式文件中，HTML 文件中只存放文本信息，这符合 W3C 标准。微软等公司均为 W3C 支持者，这一点是最重要的，因为这可以保证用户的网站不会因为将来网络应用的升级而被淘汰。

2. 提高搜索引擎对网页的索引效率

用只包含结构化内容的 HTML 代替嵌套的标签，搜索引擎将更有效地搜索到用户的网页内容，并可能给用户一个较高的评价。

3. 代码简洁，提高页面浏览速度

对于同一个页面视觉效果，采用 CSS+DIV 重构的页面容量要比 TABLE 编码的页面文件容量小得多，代码会更加简洁，前者一般只有后者的一半大小。对于一个大型网站来说，可以节省大量带宽，并且支持浏览器的向后兼容。也就是说，在未来的浏览器大战中，胜利的无论是 IE 还是火狐，您的网站都能很好地兼容。

4. 易于维护和改版

内容和样式的分离，使页面和样式的调整变得更加方便。你只要简单地修改几个 CSS 文件就可以重新设计整个网站的页面。现在，YAHOO、MSN 等国际门户网站，网易、新浪等国内门户网站，以及主流的 Web 网站，均采用 DIV+CSS 的框架模式，更加印证了 DIV+CSS 是大势所趋。

4.1.3　怎么改善现有的网站

　　大部分的设计师依旧在采用传统的表格布局、表现与结构混杂在一起的方式来建设网站。学习使用 XHTML+CSS 的方法需要一个过程，使现有网站符合网站标准也不可能一步到位，最好的方法是循序渐进，分阶段来逐步达到完全符合网站标准的目标。如果用户是新手，或者对代码不是很熟悉，也可以采用遵循标准的编辑工具，如 HBuilder，它是目前支持 CSS 标准非常完善的工具。

1. 初级改善

　　1) 为页面添加正确的 DOCTYPE

　　很多设计师和开发人员都不知道什么是 DOCTYPE，DOCTYPE 有什么用。DOCTYPE 是 document type 的简写，主要用来说明用户用的 XHTML 或者 HTML 是什么版本。浏览器根据 DOCTYPE 定义的 DTD(文档类型定义)来解释页面代码。所以，一旦不注意设置了错误的 DOCTYPE，结果会让你大吃一惊。XHTML 1.0 提供了 3 种 DOCTYPE 供选择。

　　(1) 过渡型(Transitional)。

```
<!DOCTYPE html PUBLIC "-//W3C//DTD XHTML 1.0 Transitional//EN"
    "http://www.w3.org/TR/xhtml1/DTD/xhtml1-transitional.dtd">
```

　　(2) 严格型(Strict)。

```
<!DOCTYPE html PUBLIC "-//W3C//DTD XHTML 1.0 Strict//EN"
    "http://www.w3.org/TR/xhtml1/DTD/xhtml1-strict.dtd">
```

　　(3) 框架型(Frameset)。

```
<!DOCTYPE html PUBLIC "-//W3C//DTD XHTML 1.0 Frameset//EN"
    "http://www.w3.org/TR/xhtml1/DTD/xhtml1-frameset.dtd">
```

　　初级改善，只要选用过渡型的声明就可以了，它依然可以兼容表格布局、表现标识等，不至于让用户觉得变化太大，难以掌握。

　　2) 设定一个名字空间(Namespace)

　　直接在 DOCTYPE 声明后面添加如下代码：

```
<html xmlns="http://www.w3.org/1999/xhtml" >
```

　　namespace 是收集元素类型和属性名字的一个详细的 DTD，namespace 声明允许用户通过一个在线地址指向来识别用户的 namespace，只要照样输入代码即可。

　　3) 声明用户的编码语言

　　为了被浏览器正确解释和通过标识校验，所有的 XHTML 文档都必须声明它们所使用的编码语言。代码如下：

```
<meta http-equiv="Content-Type" content="text/html; charset=GB2312" />
```

　　这里声明的编码语言是简体中文 GB2312，如果用户需要制作繁体内容，可以定义为BIG5。

4) 用小写字母书写所有的标签

XML 对大小写是敏感的，所以，XHTML 也是有大小写区别的。所有的 XHTML 元素和属性的名字都必须使用小写，否则你的文档将被 W3C 校验认为是无效的。例如下面的代码是不正确的：

```
<TITLE>公司简介</TITLE>
```

正确的写法是：

```
<title>公司简介</title>
```

同样地，<P>改成<p>，<B>改成<b>等，这步转换很简单。

5) 为图片添加 alt 属性

为所有图片添加 alt 属性。alt 属性指定了当图片不能显示的时候就显示替换文本，这样做对正常用户可有可无,但对纯文本浏览器和使用屏幕阅读器的用户来说是至关重要的。只有添加了 alt 属性，代码才会被 W3C 正确性校验通过。值得注意的是，我们要添加有意义的 alt 属性，像下面这样的写法毫无意义。

```
<img src="logo_unc_120x30.gif" alt="logo_unc_120x30.gif">
```

正确的书写如下：

```
<img src="logo_unc_120x30.gif" alt="UNC 公司标志，单击返回首页">
```

6) 给所有属性值加引号

在 HTML 中，你可以不给属性值加引号，但是在 XHTML 中，它们必须加引号。例如：可以是 height="100"，而不能是 height=100。

7) 关闭所有的标签

在 XHTML 中，每一个打开的标签都必须关闭，如下所示：

```
<p>每一个打开的标签都必须关闭。</p> <b>HTML 可以接受不关闭的标签，XHTML 就不可以。</b>
```

这个规则可以避免 HTML 的混乱和麻烦。举例来说：如果用户不关闭图像标签，在一些浏览器中就可能出现 CSS 显示问题。用这种方法能确保页面和用户设计的显示一样。需要说明的是：空标签也要关闭，在标签尾部使用一个正斜杠"/"来关闭它们即可。例如：

```
<br />
<img src="webstandards.gif" />
```

经过上述 7 个规则处理后，页面就基本符合 XHTML 1.0 的要求了，但我们还需要校验一下是否真的符合标准。我们可以利用 W3C 提供的免费校验服务(http://validator.w3.org/)，发现错误后逐个修改。在后面的资源列表中我们也提供了其他校验服务和对校验进行指导的网址，可以作为 W3C 校验的补充。如果最后通过了 XHTML 验证，恭喜你已经向网站标准迈出了一大步。不是想象中的那么难吧!

2. 中级改善

中级改善主要在结构和表现相分离上，这一步不像第一步那么容易实现，我们需要观念上的转变，以及对 CSS 技术的学习和运用。但学习任何新知识都需要花点时间，诀窍在于边做边学。假如用户一直采用表格布局，根本没用过 CSS，也不必急于和表格布局说再见，可以先用样式表代替 font 标签。随着所学知识的增多，用户能做的就越多。好，一起来看看我们需要做哪些事。

1) 用 CSS 定义元素外观

我们在写标识时已经养成习惯，当希望字体大点就用<h1>，希望在前面加个点符号就用<li>。我们总是认为< h1>的意思是大的、<li>的意思是圆点、<b>的意思是加粗文本。而实际上，<h1>能变成你想要的任何样子，通过 CSS，<h1>能变成小的字体，<p>文本能够变成巨大的粗体，<li>能够变成一张图片等。我们不能强迫用结构元素实现表现效果，我们应该使用 CSS 来确定那些元素的外观。例如，我们可以使原来默认的 6 级标题看起来大小一样。

h1, h2, h3, h4, h5, h6{ font-family: 宋体, serif; font-size: 12px; }

2) 用结构化元素代替无意义的标签

许多人可能从来都不知道HTML和XHTML元素的设计本意是用来表达结构的，人们已经习惯用元素来控制表现，而不是结构。例如，一段列表内容可能会使用下面这样的标识。

句子一
 句子二
 句子三

如果我们采用一个无序列表代替会更好。

<ul> <li>句子一</li> <li>句子二</li> <li>句子三</li> </ul>

你或许会说："<li>显示的是一个圆点，我不想用圆点"。事实上，CSS 没有设定元素看起来是什么样子，用户完全可以用 CSS 关掉圆点。

3) 给每个表格和表单加上 id

给表格或表单赋予一个唯一的、结构的标记，例如：

<table id="menu">

接下来，在书写样式表的时候，用户就可以创建一个 menu 选择器，并且关联一个 CSS 规则，用来告诉表格单元、文本标签和所有其他元素怎么去显示。只需要一个附着的标记(标记 menu 的 id 标记)，用户就可以在一个分离的样式表内为干净的、紧凑的代码标记进行特别的表现层处理。

中级改善我们这里先列主要的 3 点，但其中包含的内容和知识点非常多，需要逐步学习和掌握，直到最后实现完全采用 CSS 而不采用任何表格实现布局。

4.2 认识 DIV

4.2.1 DIV 是什么

DIV 与其他 XHTML 标签一样是一个 XHTML 所支持的标签。当用户采用一个表格时，与应用<Table></Table>这样的结构一样，DIV 在使用的时候也是以<Div></Div>这样的形式出现。DIV 是一个容器，我们知道，XHTML 页面中的每一个标签对象几乎都可以称得上是一个容器，如使用 H1 标题对象。

```
<h1>厚溥教育</h1>
```

h1 作为一个容器，其中放置了内容，同时 DIV 也是一个容器，能够放置内容。例如：

```
<div>HTML 网页设计</div>
```

DIV 是 XHTML 中指定的，专门用于布局设计的容器对象。我们知道，在传统的表格布局中之所以能进行页面的排版布局设计，完全依赖于表格对象 table，在页面中绘制一个或多个单元格组成的表格，再在相应的表格中放入内容。通过表格单元格的位置控制，达到实现布局排版的目的，这是表格式布局的核心内容。而在今天，我们所要接触的是一种全新的布局方式——CSS 布局，这种布局的核心对象则是 DIV，我们的页面排版不需要依赖表格，仅从 DIV 的使用上说，做一个简单的布局只需要依赖两样东西——DIV 和 CSS，因此也有人称 CSS 布局为 DIV+CSS。

4.2.2 如何使用 DIV

与其他 XHTML 对象一样，我们只需要应用<div></div>这样的标签形式，将内容放置其中，便可以应用 DIV 标签。但是请注意一点，DIV 标签只是一个表示，作用是把内容表示成一个区域，并不负责其他事情。DIV 只是 CSS 布局工作的第一步，需要通过 DIV 将页面中的内容元素标记出来，如需要一个导航条就可以使用 DIV 标识出一个导航条的区域，而导航条是什么样，DIV 不负责，剩下的事情由 CSS 来处理。

DIV 对象中除了可以直接放入文本，也可以放入其他标签，还可以是多个 DIV 标签进行嵌套使用，最终的目的是合理地标识出我们的页面区域。

DIV 对象在使用时，同其他 XHTML 对象一样，可以加入其他属性，如 ID、CLASS、ALIGN、STYLE 等。而在 CSS 布局方面，为了实现内容与表现的分离，不应当将 ALIGN 对齐属性与 STYLE 行间样式属性编写在 XHTML 页面的 DIV 标签之中，因此，DIV 最终代码只可能拥有以下两种形式。

```
<div id="id 名称">厚溥教育</div>
<div class="class">HTML 网页设计</div>
```

使用 ID 属性，可以为当前 DIV 指定一个 ID 名称，而在 CSS 中使用 ID 选择符进行样式编写，同样可以使用 CLASS 属性，在 CSS 中使用 CLASS 选择符进行样式编写。

 注意

不管是应用于 DIV 还是其他对象的 ID 中，同一个名称的 ID 值在当前 XHTML 页面中只允许使用一次，而 class 名称则可以重复使用。

4.2.3　理解 DIV

在一个没有任何 CSS 应用的页面中，即使应用了 DIV，也没有实际效果，就如同直接打上了 DIV 中的内容一样。那么该如何理解 DIV 在布局上所带来的不同呢？

我们知道，在设计表格时，使用表格设计的左右分栏或上下分栏，都能够在浏览器预览中直接看到分栏的效果。

表格自身的代码形式，决定了在浏览器中显示的时候，两块内容分别显示在左单元格与右单元格之中，因此，不管是否应用了表格线，都可以明确地知道内容存在于两个单元格之中，都会达到分栏的效果。而 DIV 布局的头一个代码可能会让我们失望，先来尝试编写两个 DIV，用于左分栏与右分栏，代码如下。

```
<div>左分栏</div>
<div>右分栏</div>
```

而此时在浏览器中能够看到的仅仅是出现了两行文字，并没有显示 DIV 的任何特征，实际上这样的效果带给我们两个信息。

首先，我们发现："左分栏"与"右分栏"这两段文字不是并排放置，而是上下放置，这说明 DIV 对象本身是占据整行的一种对象，不允许其他对象与它在一行中并列显示，用 W3C 的官方话来说就是，DIV 是一个 block 对象——块状对象(或者称为块级元素)。XHTML 中的所有对象几乎都默认为两种类型。

(1) block 块状对象

块状对象指的是当前对象显示为一个方块，默认的显示状态下，将占据整行，其他的对象在下一行显示。

(2) in-line 行间对象(或者称为内联元素)

in-line 行间对象相反，它允许下一个对象与它本身在一行中进行显示。

块状的 DIV 也说明 DIV 在页面中并非用于类似于文本一样的行间排版，而是用于大面积、大区域的块状排版。

其次，从页面效果中可以发现，网页之中，除了文字之外，没有任何其他效果。两个 DIV 之间的关系，只是前后关系，并没有出现类似表格的田字型的组织形式，因此可以说，DIV 本身与样式没有任何关系，样式需要编写 CSS 来实现，因此 DIV 对象应当说从本质上实现了与样式的分离。

这样做的好处是，由于与样式分离，DIV 的最终样式由我们根据 CSS 的功能来编写，可以设置为左右分栏的样式，也可以设置为上下分栏的样式。而表格则不行，当定义了表格为 2×4 的版式时，就不太可能直接将其转换为 4×2 或其他单元格组织形式。DIV 的这种与样式无关的特性，使得 DIV 在设计中拥有巨大的可伸缩性，用户可以根据自己的想法来改变 DIV 的样式，不再拘泥于单元格固定模式的束缚。

因此，在 CSS 布局之中所需要的工作可以简单归集为两个步骤：首先使用 DIV 将内容标记出来，然后在这个 DIV 中编写我们所需要的 CSS 样式。

4.2.4 并列与嵌套 DIV 结构

1. 并列 DIV

在使用 DIV+CSS 设计的网页中，经常需要设置多个 DIV 并列，往往是使用 float:left 或 float:right 来实现。但问题出现了，当前面并列的多个 DIV 总宽度不足 100%时，下面的 DIV 就很可能向上提，和上一行并列的 DIV 排在同一行，这不是我们想要的结果。使用 Clear 属性正好可以解决这一问题。

当图片和文字元素出现在另外的元素中时，它们(图片和文字)称为浮动元素(floating element)。使用 clear 属性可以让元素边上不出现其他浮动元素。

```html
<style type="text/css">
.LeftText{
    margin: 3px;
    float: left;
    height: 180px;
    width: 170px;
    border: 1px solid #B1D1CE;
    background-color: #F3F3F3;
}
.FootText{
    height: 180px;
}
.Clear
{
    clear:both;
}
</style>
<div class="LeftText">区块 1</div>
<div class="LeftText">区块 2</div>
<div class="Clear"></div>
<div class="FootText">区块 3</div>
```

如果没有 Clear 这一层，"区块 3"会紧接"区块 2"并列在同一行。加了 Clear 这一层后，会把上面的浮动 DIV 的影响清除，使其不至影响下面 DIV 的布局。

2. 嵌套 DIV

DIV 可以多层进行嵌套使用，嵌套的目的是为了实现更为复杂的页面排版。例如，当设计一个网页时，首先要有整体布局，需要产生头部、中部和底部，这也许会产生一个较复杂的 DIV 结构。

```html
<div id="header">厚溥教育优化</div>
<div id="center">
<div id="left">Hopeful</div>
<div id="right">HTML</div>
</div>
<div id="footer">厚溥教育</div>
```

在代码中我们为每个 DIV 定义了 ID 和名称以供识别。可以看到 ID 为 header、center 和 footer 的 3 个 DIV 对象，它们之间属于并列关系，一个接着一个。它们在网页的布局结构之中，属于水平方向的布局。

而在 center 之中，为了内容需要，我们有可能在 center 中使用一个左右栏的布局，因此，在 center 之中我们拥有两个 ID 分别为 left 与 right 的 DIV。这两个 DIV 本身是并列关系，而它们都处于 center 之中，因此它们与 center 形成了一种嵌套关系。如果它们两个被样式控制为左右显示的话，那么它们最终的布局关系应当为垂直方向的布局。

而我们的网页布局，则由这些嵌套着的 DIV 来构成，无论是多么复杂的布局方法，都可以使用 DIV 之间的并列与嵌套来实现。

 注意

应当尽可能少地使用嵌套，以保证浏览器不用过分消耗资源来对嵌套关系进行解析。

4.2.5 使用合适的对象来布局

可能会发生这样的情况，在 header 区域中，有必要显示网页标题，但因为 header 区域之中除了标题，可能还有其他对象出现，如导航菜单等。因此从布局关系上来看，我们需要两个对象来分别标识 header 之中的这两个元素。当然，这可以使用 DIV 来完成，其代码结构如下所示。

```
<div id="header">
<div id="title">厚溥教育</div>
<div id="nav">HTML 网页设计</div>
</div>
```

这样编写代码可以吗？答案是可以，而且从语法上来说没有任何错误，符合布局的规范。但是，从网页结构与优化上来看，这种做法是不科学的。XHTML 的所有标签之中，不仅有 DIV，还有其他标签，而每个标签都有自己的作用。虽然我们可以完全使用 DIV 来构建布局，但组成的页面将是一个全由 DIV 组成的网页，最终带给我们的可读性并不高，全篇的 DIV 反而成了复杂的没有任何含义的代码。正确的做法是选用符合需要的其他 XHTML 标签，合理地替代 DIV，改进后的代码如下。

```
<div id="header">
<h1>厚溥教育</h1>
<ul> HTML 网页设计</ul>
</div>
```

我们知道，h1-h6 表示标题 1 号字到标题 6 号字，因此使用 h1 标签来作为标题用的元素再合适不过。而导航条一般由多个导航项组成，ul 列表正好可以满足这样的需求，因此我们可以使用 ul 对象来标识导航条，再使用 li 对每个导航项进行标识，这样就组成了新的代码结构。Web 标准推荐使用尽可能符合页面中元素意义的标签来标识元素，在以往的表格布局之中，无论是 h1 还是 u1，这些元素几乎都不常见到，主要原因就是所有的对象形式都被表格所替代，页面可读性差，也没有任何伸缩性可言。而在 CSS 布局之中，要求我们尽可能多地去使用 XHTML 所支持的各种标签，最终网页对象都将拥有良好的可读性，通过 CSS 的进一步定义，其样式表现能力丝毫不比表格差，而且拥有比表格高出许多的样式控制方法。这也是 CSS 布局的基本优势。

4.3 盒模型详解

4.3.1 什么是盒模型

CSS 定义所有的元素都可以拥有像盒子一样的外形和平面空间，即都包含边界、边框、补白、内容区域和背景(包括背景色和背景图像)，这就是盒模型。盒模型如同工厂模具一样，它规范了网页元素的显示基础。盒模型关系到网页设计中的排版、布局、定位等操作，任何一个元素都必须遵循盒模型规则，如 div、span、hl-h6、p.strong 等。

4.3.2 盒模型的细节

W3C 组织建议把所有网页上的对象都放在一个盒(box)中，设计师可以通过创建定义来控制这个盒的属性，这些对象包括段落、列表、标题、图片以及层。盒模型主要定义 4 个区域：内容(content)、边框距(padding)、边界(border)和边距(margin)。

这里提供两张盒模型的示意图，便于理解和记忆，如图 4-2 和图 4-3 所示。

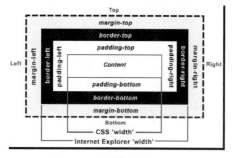

图 4-2 盒模型细节 1

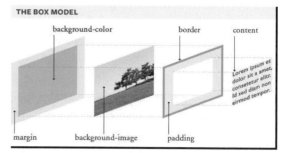

图 4-3 盒模型细节 2

每个 HTML 元素都可以看作是一个装了东西的盒子，盒子里面的内容到盒子边框之间的距离即填充(padding)，盒子本身有边框(border)，而盒子边框外和其他盒子之间还有边界(margin)。

4.3.3　宽、高、内边距、外边距定义

对于盒子模型，其中的 content(内容)又分为两个元素，分别是 width(宽)和 height(高)，分别对应 content 的宽度和高度大小，如图 4-4 所示。

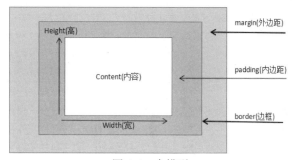

margin 是指从自身边框到另一个容器边框之间的距离，就是容器外距离。

padding 是指自身边框到自身内部另一个容器边框之间的距离，就是容器内距离。

图 4-4　盒模型

border 是指边框，对于边框，在定义的时候可以有不同的样式，比如单边框、虚线边框、实线边框、双边框、没有边框等多种样式。

```html
<html>
<head>
<meta charset="UTF-8">
<title>边框样式</title>
<style type="text/css">
#none{border:none;}
#dot{border: 3px dotted    #000000;}
#dotted{border: 3px dashed    #000000;}
#solid{border: 3px solid #000000;}
#double{border: 3px double    #000000;border-width: 3px;}
#rut{border: 3px groove    cadetblue;}
#shape{border: 3px ridge    red;}
#inset{border: 3px inset deepskyblue;}
#outset{border: 3px outset    lightcoral;}
</style>
</head>
<body>
<div id="none">我没有边框</div><br />
<div id="dot">点状边框</div><br />
<div id="dotted">虚线边框</div><br />
<div id="solid">实线边框</div><br />
<div id="double">双线边框</div><br />
<div id="rut">3D 凹槽边框</div><br />
<div id="shape">3D 垄状边框</div><br />
<div id="inset">3D inset 边框</div><br />
<div id="outset">3D outset 边框</div>
</body>
</html>
```

显示效果如图 4-5 所示。

图 4-5　边框样式定义

4.3.4　上下 margin 叠加问题

边界叠加是一个相当简单的概念。但是，在实践中对网页进行布局时，它会造成许多混淆。简单地说，当两个垂直边界相遇时，它们将形成一个边界。这个边界的高度等于两个发生叠加的边界的高度中的较大者。

下面是发生叠加的几种情况：

(1) 元素的顶边界与前面元素的底边界发生叠加，如图 4-6 所示。

(2) 元素的顶边界与父元素的顶边界发生叠加，如图 4-7 所示。

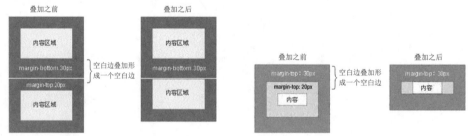

图 4-6　边界叠加 1　　　　　图 4-7　边界叠加 2

(3) 元素的顶边界与底边界发生叠加，如图 4-8 所示。

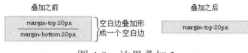

图 4-8　边界叠加 3

(4) 空元素中已经叠加的边界与另一个空元素的边界发生叠加，如图 4-9 所示。

图 4-9　边界叠加 4

(5) 边界叠加在元素之间维护了一致的距离，如图 4-10 所示。

4.3.5　左右 margin 加倍问题

当 box 为 float 时，IE 6 中 box 左右的 margin 会加倍。比如：

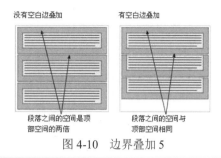

图 4-10　边界叠加 5

```
<!DOCTYPE html>
<html>
<head>
<meta charset="utf-8" />
<title>左右 margin 加倍</title>
<style>
.outer {
width:500px;
height:200px;
background:#000;
}
.inner {
float:left;
width:200px;
height:100px;
margin:5px;
background:#fff;
}
</style>
</head>
<body>
<div class="outer">
<div class="inner"></div>
<div class="inner"></div>
</div>
</body>
</html>
```

左边 inner 的右面的 margin 明显大于 5px。这时，定义 inner 的 display 属性为 inline，可以解决该问题。

4.4　CSS 完善盒模型

在 CSS3 中新增了一些属性，更加丰富了盒模型的呈现样式，通常使用的有 border-radius、border-shadow、border-image 等属性，下面一一介绍这些属性的使用及效果展示情况。

4.4.1 显示方式定义

普通情况下的盒模型都是正方形状的，板板正正的，在页面中看起来不是很美观。如何使盒子四个角变成漂亮的弧形？在 CSS2 中，如果想要实现这种效果，需要对每个角使用不同的图片，这样一来就需要准备 4 张图片，操作起来就比较麻烦，但在 CSS3 中，仅仅通过 border-radius 属性就能够实现这种效果。

HTML 代码如下：

```html
<html>
<head>
<meta charset="UTF-8">
    <title>盒模型圆角显示</title>
<style type="text/css">
    div{
        width: 300px;
        padding: 20px;
        background-color: gray;
        text-align: center;
        border: 2px solid darkred;
        border-radius: 40px;
    }
</style>
</head>
<body>
    <div>使用 border-radius 属性向元素中添加圆角</div>
</body>
</html>
```

显示效果如图 4-11 所示。

这样的边框也不是很漂亮，如果能添加一些图片，盒模型可能会美观许多，在 CSS3 中，大家可以通过 border-image 属性来设置这种含有图片的边框。

HTML 代码如下：

图 4-11 圆角显示

```html
<html>
<head>
<meta charset="UTF-8">
    <title>盒模型图片边框显示</title>
<style type="text/css">
    div{
        border: 25px solid transparent;
        width: 300px;
        padding: 10px 20px;
    }
    #round{
        border-image: url(../img/xiaotubiao.png)    30    30 round;
    }
```

```
    #picture{
        border-image: url(../img/xiaotubiao.png) 30 30 stretch;
    }
</style>
</head>
<body>
    <div id="round">平铺图片显示边框</div>
    <br>
    <div id="picture">拉伸图片显示边框</div>
</body>
</html>
```

显示效果如图 4-12 所示。

4.4.2　溢出处理

我们的设计页面时，有时不得不考虑到一个问题，那
就是当盒子的内容超出盒子的边界时，该怎么处理？在
CSS2 中，有一个 overflow 属性可以处理溢出问题。在 CSS3
中，新增了 overflow-x 和 overflow-y 属性，这两个属性是

图 4-12　图片边框显示

对 overflow 属性的补充，表示水平方向上的溢出处理和垂直方向上的溢出处理，溢出值如
表 4-1 所示。

语法格式：overflow-x:溢出处理值；overflow-y:溢出处理值；

表 4-1　溢出值表

溢出处理值	说明
visible	默认值，盒子溢出时，不裁剪溢出的内容，超出盒子边界的部分显示在盒元素外
auto	盒子溢出时，显示滚动条
hidden	盒子溢出时，溢出的内容被裁剪，并且不提供滚动条
scroll	始终显示滚动条
no-display	当盒子溢出时，不显示元素，此属性为新增属性
no-content	当盒子溢出时，不显示内容，此属性为新增属性

HTML 代码如下。

```
<html><head>
<meta charset="UTF-8">
<title>溢出处理方式</title>
    <style type="text/css">
    div{
        border: 1px solid blue;
        margin: 30px;
        padding: 10px;
        width: 200px;
        height: 50px;
        float: left;
    }
```

```
    #overflow1{
        overflow-x: visible;
        overflow-y: visible;
    }
    #overflow2{
        overflow-x: auto;
        overflow-y: auto;
    }
    #overflow3{
        overflow-x: hidden;
        overflow-y: hidden;
    }
    #overflow4{
        overflow-x: scroll;
        overflow-y: scroll;
    }
    </style>
    </head>
    <body>
        <div id="overflow1">盒状模型是 CSS 中重要的概念。虽然 CSS 中没有盒状模型这个属性，
        但它却是 CSS 中无处不在的，盒装模型是由 margin、border、padding 和 content 几个属
        性组合形成的。</div>
        <div id="overflow2">盒状模型是 CSS 中重要的概念。虽然 CSS 中没有盒状模型这个属性，
        但它却是 CSS 中无处不在的，盒装模型是由 margin、border、padding 和 content 几个属
        性组合形成的。</div>
        <div id="overflow3">盒状模型是 CSS 中重要的概念。虽然 CSS 中没有盒状模型这个属性，
        但它却是 CSS 中无处不在的，盒装模型是由 margin、border、padding 和 content 几个属
        性组合形成的。</div>
        <div id="overflow4">盒状模型是 CSS 中重要的概念。虽然 CSS 中没有盒状模型这个属性，
        但它却是 CSS 中无处不在的，盒装模型是由 margin、border、padding 和 content 几个属
        性组合形成的。</div>
    </body>
    </html>
```

显示效果如图 4-13 所示。

4.4.3　轮廓样式定义

轮廓(outline)是绘制于元素周围的一条线，位于边框边缘的外围，主要作用是为了突出元素，我们可以通过轮廓属性来定义元素轮廓的样式、颜色、宽度。轮廓的基本结构如图 4-14 所示。

HTML 代码如下。

```
<html>
<head>
<meta charset="UTF-8">
    <title>盒模型轮廓</title>
    <style type="text/css">
```

图 4-13　盒模型溢出处理方式

图 4-14　轮廓结构

```
    div{
        margin: 40px;
        width: 400px;
        height: 50px;
        border: 1px solid red;
        outline-style: dotted;
        outline-color: green;
        outline-width: 20px;
    }
</style>
</head>
<body>
    <div>轮廓样式、颜色、宽度定义。</div>
</body>
</html>
```

显示效果如图 4-15 所示。

在本例中，outline-style 属性是用来定义轮廓样式的，其样式值和前文所讲的边框样式值一样，outline-color 是定义轮廓颜色的，outline-width 是用来定义轮廓宽度的。

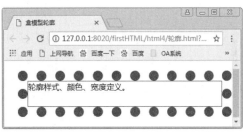

图 4-15　盒模型轮廓定义

4.5　浮动与定位

浮动(float)属性用于定义元素在哪个方向浮动，以往这个属性总是应用于图像，使文本围绕在图像周围。不过在 CSS 中，任何元素都可以浮动。浮动元素会生成一个块级框，而不论它本身是何种元素。

4.5.1　文档流

文档流(Document Flow)将窗体自上而下分成一行行，并在每行中按从左至右的顺序排放元素。

文档流分为两种，分别是：

● 普通文档流

我们打开网页时，都是上方的部分首先显示出来，然后是中间部分，最后才是底部，直到显示完成。这样的顺序体现在 HTML 代码中就是先写的标签先显示，后写的标签后显示。整个过程好像瀑布从上到下，因此命名为普通文档流。

● 特殊文档流

特殊文档流指在页面载入浏览器的时候，那些不按照前面所讲述的顺序，脱离普通文档流而单独显示的标签。还是利用瀑布来举例：瀑布倾泻而下的时候，部分水流碰到了岩石，导致下落方向与瀑布主题不同，它们就可以叫作特殊文档流。

每个非浮动块级元素都独占一行，浮动元素则按规定浮在行的一端。若当前行容不下，则另起新行再浮动。

内联元素也不会独占一行，几乎所有元素(包括块级、内联和列表元素)均可生成子行，用于摆放子元素。

有 3 种情况将使得元素脱离文档流而存在，分别是浮动、绝对定位、固定定位。但是在 IE 中，浮动元素也存在于文档流中。

浮动元素不占任何正常文档流空间，浮动元素的定位还是基于正常的文档流，然后从文档流中抽出并尽可能远地移动至左侧或者右侧，文字内容会围绕在浮动元素周围。当一个元素从正常文档流中抽出后，仍然在文档流中的其他元素将忽略该元素并填补它原先的空间。

浮动概念让人迷惑的根源在于浏览器对理论的解读。只能说，很多人以 IE 做标准，其实它不是。

基于文档流，我们可以很容易地理解以下的定位模式。

(1) 相对定位：即相对于元素在文档流中的位置进行偏移，但保留原占位。

(2) 绝对定位：即完全脱离文档流，相对于 position 属性非 static 值的最近父级元素进行偏移。

(3) 固定定位：即完全脱离文档流，相对于视区进行偏移。

4.5.2　浮动定位

浮动的框可以向左或向右移动，直到它的外边缘碰到包含框或另一个浮动框的边框为止。由于浮动框不在文档的普通流中，所以文档普通流中的块框表现得就像浮动框不存在一样。

当把框 1 向右浮动时，它脱离文档流并且向右移动，直到它的右边缘碰到包含框的右边缘，如图 4-16 所示。

当框 1 向左浮动时，它脱离文档流并且向左移动，直到它的左边缘碰到包含框的左边缘。因为它不再处于文档流中，所以它不占据空间，实际上覆盖住了框 2，使框 2 从视图中消失。如果把 3 个框都向左移动，那么框 1 向左浮动直到碰到包含框，另外两个框向左浮动直到碰到前一个浮动框，如图 4-17 所示。

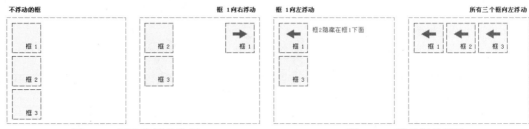

图 4-16　固定和浮动的框　　　　　　　　图 4-17　浮动框的覆盖

如图 4-18 所示，如果包含框太窄，无法容纳水平排列的 3 个浮动元素，那么其他浮动块将向下移动，直到有足够的空间。如果浮动元素的高度不同，那么当它们向下移动时可能被其他浮动元素"卡住"。

我们举个简单的例子，HTML代码如下：

```
<html>
<head>
<meta charset="utf-8" />
<style type="text/css">
img
{
float:right
}
</style>
</head>
<body>
<p>在下面的段落中，我们添加了一个样式为 <b>float:right</b>的图像。结果是这个图像会浮动到段落的右侧。</p>
<p>
<img src="img/eg_cute.gif" />
This is some text. This is some text. This is some text.
This is some text. This is some text. This is some text.
This is some text. This is some text. This is some text.
This is some text. This is some text. This is some text.
This is some text. This is some text. This is some text.
This is some text. This is some text. This is some text.
This is some text. This is some text. This is some text.
This is some text. This is some text. This is some text.
This is some text. This is some text. This is some text.
This is some text. This is some text. This is some text.
</p>
</body>
</html>
```

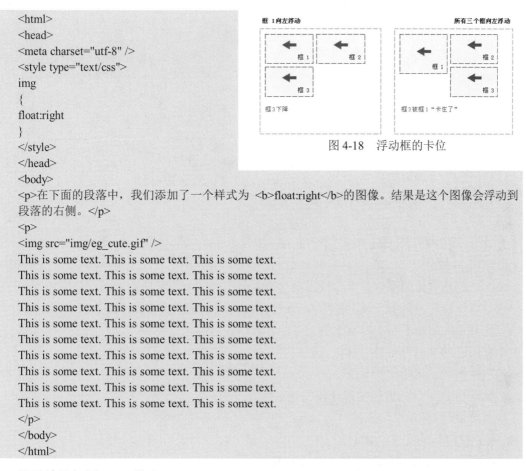

图 4-18　浮动框的卡位

显示效果如图 4-19 所示。

4.5.3　浮动的清理

浮动的清理(clear)属性规定元素的哪一侧不允许其他浮动元素出现。表 4-2 列出了 clear 属性值。

图 4-19　图片的浮动定位

表 4-2　clear 属性值

属 性 值	描　　述
left	在左侧不允许出现浮动元素
right	在右侧不允许出现浮动元素
both	在左右两侧均不允许出现浮动元素
none	默认值。允许浮动元素出现在两侧
inherit	规定应该从父元素继承 clear 属性的值

例如，图像的左侧和右侧均不允许出现浮动元素：

```
<html>
<head>
<style type="text/css">
img{
float:left;
clear:both;
}
</style>
</head>
<body>
<img src="img/eg_cute.gif" />
<img src="img/eg_cute.gif" />
</body>
</html>
```

4.5.4 何时选用浮动定位

DIV 浮动定位的本意是要将插入到文章中的图片向左或者向右浮动，使图片下方的文字自动环绕在它的周围，且图片的左边或者右边不会出现大块的留白。DIV 浮动定位的语法虽然简单，但却不那么容易掌握，下面让我们举例说明如何用浮动来进行布局。同样，我们要实现一个带页脚的三栏布局，如图 4-20 所示。

如何用 DIV 浮动定位实现这样的效果呢？

其实很简单：

(1) 设定 E 的宽度，让 E 居中。

(2) 设定 A、B、C 的宽度，将 A、B、C 分别向左浮动。

(3) 给页眉、页脚设置 clear 属性。

我们来看下面的例子，HTML 代码如下：

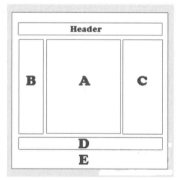

图 4-20　DIV 浮动页面布局图

```
<html>
<head>
<style type="text/css">
div.container{
width:100%;
margin:0px;
border:1px solid gray;
line-height:150%;
}
div.header,div.footer{
padding:0.5em;
color:white;
background-color:gray;
clear:left;
}
```

```
h1.header{
padding:0;
margin:0;
}
div.left{
float:left;
width:160px;
margin:0;
padding:1em;
}
div.content{
margin-left:190px;
border-left:1px solid gray;
padding:1em;
}
</style>
</head>
<body>
<div class="container">
<div class="header">
<h1 class="header">W3School.com.cn</h1>
</div>
<div class="left">
<p>"Never increase, beyond what is necessary, the number of entities required to explain anything."
William of Ockham (1285-1349)</p>
</div>
<div class="content">
<h2>Free Web Building Tutorials</h2>
<p>At W3School.com.cn you will find all the Web-building tutorials you need,
from basic HTML and XHTML to advanced
    XML, XSL, Multimedia and WAP.</p>
<p>W3School.com.cn - The Largest Web
    Developers Site On The Net!</p>
</div>
<div class="footer">Copyright 2008 by YingKe
    Investment.</div>
</div>
</body>
</html>
```

显示效果如图 4-21 所示。

图 4-21　利用浮动定位布局

【单元小结】

- 网站可以分为内容、表现、结构三部分。
- DIV 是 XHTML 中指定的，专门用于布局设计的容器对象。
- 盒模型主要属性：内容(content)、边框距(padding)、边界(border)和边距(margin)。
- 通过使用浮动定位来对网页进行排版。

【单元自测】

1. DIV+CSS 的优势有哪些？（　　　）

   A. 表现和内容相分离　　　　　　　B. 提高搜索引擎对网页的索引效率

   C. 代码简洁，提高页面浏览速度　　D. 易于维护和改版

2. 如果要使多个 DIV 并列排列，应使用（　　　）。

   A. margin　　　　　　　　　　　B. content

   C. float　　　　　　　　　　　　D. clear

3. 下面哪个属性是指盒模型的边距？（　　　）

   A. content　　　　　　　　　　　B. padding

   C. border　　　　　　　　　　　D. margin

4. 在网页中，为了将 H1 标题定位于左边距为 100px、上边距为 50px 处，效果如图 4-22 所示，下面代码正确的是（　　　）。

A.
```
h1{
position:absolute;
left:100px;
top:50px;
}
```

B.
```
h1{
left:100px;
top:50px;
}
```

C.
```
h1{
left:100;
top:50;
}
```

D.
```
h1{
position:absolute;
left:100;
top:50;
}
```

图 4-22　H1 标题定位

5. 下列情况中，哪些会发生 margin 属性的叠加？（　　　）

   A. 元素的顶边界与前面元素的底边界发生叠加

   B. 元素的顶边界与父元素的顶边界发生叠加

   C. 元素的顶边界与底边界发生叠加

   D. 空元素中已经叠加的边界与另一个空元素的边界发生叠加

【上机实战】

上机目标

- 掌握用 CSS+DIV 进行网页布局
- 学会使用盒模型对页面元素进行定位

上机练习

练习1：用DIV布局

【问题描述】

用 DIV 对如图 4-23 所示的网页框架进行布局，包括 Banner 图片、导航条、左侧的导购信息以及主体部分的产品展示等。

【问题分析】

图 4-23 中的各个部分直接采用了 HTML 代码中各个<div>块对应的 id。其中，#banner 块对应页面上部的 banner 图片，#global link 则是网站的导航菜单栏，#left 与#main 是页面的主体块，相应的代码框架如下：

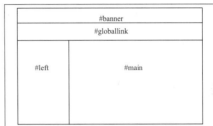

图 4-23　DIV 布局

```
<div id="container">
<div id="banner"><img src="banner.jpg"></div>
<div id="global link"></div>
<div id="left"></div>
<div id="main"></div>
</div>
```

练习2：浮动定位显示

【问题描述】

在练习 1 的基础上把主模块和左侧模块加以细化，如图 4-24 所示。

【问题分析】

#left 包含登录系统以及产品的分类信息，#main 块则主要包括本站快讯、产品推荐、新品上市和产品导购等。

图 4-24　浮动定位显示

参考代码：

```
<div id="left">
<div id="login"></div>
<div id="category"></div>
</div>
<div id="main">
<div id="latest"></div>
<div id="recommend"></div>
<div id="new"></div>
<div id="tips"></div>
</div>
```

◆ 第二阶段 ◆

练习3：利用 CSS 的属性实现练习 1 和练习 2 的图示效果

【问题描述】

通过本章学习的知识点，实现前面的练习，效果如图 4-25 所示。

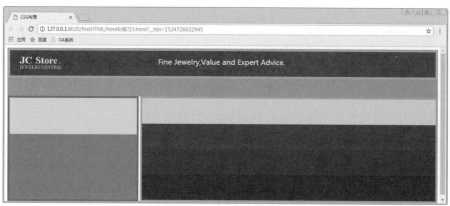

图 4-25　CSS 属性实现效果图

【拓展作业】

模仿新浪、搜狐等门户网站，用 DIV 进行布局，如图 4-26 所示。

图 4-26　CSDN 网站

单元 **五**

应用CSS布局网页和HTML列表

 **课程目标**

▶ 掌握如何进行 CSS 布局

▶ 掌握如何使用 HTML 列表

 **简 介**

本单元讨论 CSS 的布局和 HTML 的一个基本标签。HTML 标签是网页的基本组成，要实现一个网页，标签是必不可少的，而本章将学习基本标签的用法，如标题标签和段落级标签，还将讨论文本格式化标签、列表及如何在 HTML 中插入图像。

列表是网页制作过程中使用率很高的组件，本章详细讲解了列表的用法。

5.1　应用 CSS 布局网页

CSS 的布局是一种很新的布局理念，完全有别于传统的布局习惯。它首先将页面在整体上进行<div>标记的分块，然后对各个块进行 CSS 定位，最后再在各个块中添加相应的内容。通过 CSS 布局的页面，更新十分容易，甚至是页面的拓扑结构，都可以通过修改 CSS 属性来重新定位。本节主要介绍 CSS 布局的一些基本技巧。

5.1.1　一列固定宽度及高度

一列固定宽度是 CSS 布局基础中的基础，由于布局有时需要去固定盒子的宽度和高度，因此我们直接设置了宽度属性 width: 300px，与高度属性 height: 200px，其 HTML 代码如下。

```
<!DOCTYPE html>
<head>
<meta charset="utf-8" />
<title>一列固定宽度</title>
<style type="text/css">
#layout {
    border: 2px solid #A9C9E2;
    background-color: #E8F5FE;
    height: 200px;
    width: 300px;
}
</style>
</head>
<body>
<div id="layout">固定宽度为300px,固定高度为200px</div>
</body>
</html>
```

其效果图如图 5-1 所示。

图 5-1　一列固定宽度及高度

5.1.2　一列自适应宽度

自适应布局是网页设计中常见的布局形式，自适应的布局能够根据浏览器窗口的大小，自动改变其宽度值和高度值，是一种非常灵活的布局形式。良好的自适应布局网站对不同分辨率的显示器都能提供最好的显示效果。实际上 DIV 默认状态下占据整行的空间，便是宽度为100%的自适应布局的表现形式。一列自适应布局需要我们做的工作也非常简单，只需要将宽度由固定值改为百分比值的形式即可。

CSS 大部分用数值作为参数的样式属性都提供了百分比，width 宽度属性也不例外，在这里我们将宽度由一列固定宽度的 300px 改为 80%，从下边的预览效果中可以看到，DIV 的宽度值已经变为浏览器宽度的80%。自适应的优势就是当扩大或缩小浏览器窗口大小时，还将维持与浏览器当前宽度的比例。

```html
<!DOCTYPE html>
<head>
<meta charset="utf-8" />
<title>一列自适应宽度</title>
<style type="text/css">
#layout {
  border: 2px solid #A9C9E2;
  background-color: #E8F5FE;
  height: 200px;
  width: 80%;
}
</style>
</head>
<body>
<div id="layout">一列自适应宽度</div>
</body>
</html>
```

我们可以看到，无论浏览器窗口扩大或缩小多少，宽度都是当前窗口的80%，如图 5-2 所示。

图 5-2　CSS 的自适应宽度显示效果

5.1.3　一列固定宽度居中

页面整体居中是网页设计中普遍应用的形式，在传统表格布局中，我们使用表格的 align="center"属性来实现。DIV本身也支持align="center"属性，也可以使div呈现居中状态，但CSS布局是为了实现表现和内容的分离，而align对齐属性是一种样式代码，书写在 XHTML的DIV属性之中，有违分离原则(分离可以使你的网站更加利于管理)，因此应当用

CSS实现内容的居中。我们以一列固定宽度布局代码为例，为其增加居中的CSS样式。

```
<!DOCTYPE html>
<head>
<meta charset="utf-8" />
<title>一列固定宽度居中</title>
<style type="text/css">
#layout {
  border: 2px solid #A9C9E2;
  background-color: #E8F5FE;
  height: 200px;
  width: 300px;
  margin:0px auto;
}
</style>
</head>
<body>
<div id="layout">一列固定宽度居中</div>
</body>
</html>
```

margin 属性用于控制对象的上、下、左、右 4 个方向的外边距，当 margin 使用两个参数时，第 1 个参数表示上下边距，第 2 个参数表示左右边距。除了直接使用数值之外，margin 还支持 auto 值，auto 值可以使浏览器自动判断边距。在这里，我们将当前 DIV 的左右边距设置为 auto，浏览器就会将 DIV 的左右边距设为相等，并呈现为居中状态，从而实现了居中效果。

其操作步骤和一列固定宽度相同，只需在 CSS 边框设置项中将边界的上、右、下、左分别设置为 0、auto、0、auto 即可，其效果如图 5-3 所示。

5.1.4　设置列数

在CSS 3中又增加了一些新的属性来对文本进行布局。当大家看报纸时会发现一栏内容中会出现多列的现象，我们可以通过在css表中设置column-count属性来规定元素被分割的列数。下面我们让元素按照3列显示，其HTML代码显示如下，运行效果如图5-4所示。

图 5-3　CSS 固定宽度居中

```
<!DOCTYPE html>
<html>
<head>
<meta charset="UTF-8">
  <title>多列显示文本</title>
<style type="text/css">
  #morecolumn{column-count: 3;}
```

图 5-4　元素多列显示

```
    </style>
    </head>
    <body>
      <p><b>IE9 以及更早的版本不支持多列属性</b></p>
      <div id="morecolumn">
    丽人行唐代：杜甫
    三月三日天气新，长安水边多丽人。态浓意远淑且真，肌理细腻骨肉匀。
    绣罗衣裳照暮春，蹙金孔雀银麒麟。头上何所有？翠微盍叶垂鬓唇。
    背后何所见？珠压腰衱稳称身。就中云幕椒房亲，赐名大国虢与秦。
    紫驼之峰出翠釜，水精之盘行素鳞。犀箸厌饫久未下，鸾刀缕切空纷纶。
    黄门飞鞚不动尘，御厨络绎送八珍。箫鼓哀吟感鬼神，宾从杂遝实要津。
    后来鞍马何逡巡，当轩下马入锦茵。杨花雪落覆白苹，青鸟飞去衔红巾。
    炙手可热势绝伦，慎莫近前丞相嗔！
      </div>
    </body>
    </html>
```

 注意

IE 9 以及更早版本不支持多列属性。

5.1.5　设置列间距

在 CSS3 中不但有对文本元素多列的设置，还增加了对列和列之间的间距设置。为了实现这种设置，我们通过 column-gap 属性来规定列之间的间隔，在 5.1.4 节的设置列数的 CSS 文件中只需要添加如下代码即可，运行效果如图 5-5 所示。

```
#morecolumn{column-gap: 50px;}
```

从图中，我们可以看到，每列之间的间距变大。

图 5-5　元素多列间距设置

5.1.6　设置列边框样式

为了让每列之间的显示更加美观，在 CSS 3 中新增了 column-rule 属性来设置列之间的宽度、样式和颜色，通过这些设置，可以让列和列之间更加唯美。在 5.1.5 节的设置多列间距的 CSS 文件中，我们只需要添加如下代码即可，运行效果如图 5-6 所示。

```
#morecolumn{column-rule:3px dotted red;}
```

图 5-6　多列之间的宽度、样式、颜色设置

在column-rule中，3个值依次是设置列之间规则的宽度、样式和颜色，大家也可以把这3个值通过属性单独设置，即通过column-rule-width来设置列之间规则的宽度、通过column-rule-style来设置列之间规则的样式、通过column-rule-color来设置列之间规则的颜色。

5.2　HTML 列表的应用

5.2.1　ul 无序列表和 ol 有序列表

无序列表是 Web 标准布局中最常用的样式，其代码如下，运行效果如图 5-7 所示。

```
<div id="layout">
<ul>
<li><a title="第五天  超链接伪类" href="/div_css/906.shtml" target="_blank">第五天 超链接伪类
</a></li>
<li><a title="第四天  纵向导航菜单" href="/div_css/905.shtml" target="_blank">第四天 纵向导航菜单
</a></li>
<li><a title="第三天  二列和三列布局" href="/div_css/904.shtml" target="_blank">第三天 二列和三列
布局</a></li>
<li><a title="第二天  一列布局" href="/div_css/903.shtml" target="_blank">第二天 一列布局</a></li>
<li><a title="第一天    XHTML CSS 基础知识"
   href="/div_css/902.shtml" target="_blank">第一天
XHTML CSS 基础知识</a></li>
</ul>
</div>
```

图 5-7　ul 无序列表运行效果

无序列表是没有特定顺序的列表项集合，用 ul 表示，默认每行前的符号是圆点，可以通过样式表改为无、方块和空心圆等。

有序列表是有特定顺序的列表项集合，以 ol 表示，默认以数字为项目符号，有序列表也可以用 css 定义显示为其他格式，代码及显示效果如下，运行效果如图 5-8 所示。

图 5-8　ol 有序列表运行效果

```
<div id="layout">
<ol>
<li><a title="第五天  超链接伪类" href="/div_css/
906.shtml" target="_blank">第五天 超链接伪类
</a></li>
<li><a title="第四天  纵向导航菜单" href="/div_css/
905.shtml" target="_blank">第四天 纵向导航菜单
</a></li>
<li><a title="第三天  二列和三列布局" href="/div_css/904.shtml" target="_blank">第三天 二列和三列
布局</a></li>
<li><a title="第二天  一列布局" href="/div_css/903.shtml" target="_blank">第二天 一列布局</a></li>
<li><a title="第一天    XHTML CSS 基础知识" href="/div_css/902.shtml" target="_blank">第一天
```

```
XHTML CSS 基础知识</a></li>
</ol>
</div>
```

5.2.2　改变项目符号样式或用图片定义项目符号

项目符号默认是实心圆点，但是可以通过样式表改为其他形式。对于无序列表，我们可以通过 type 属性来设置其值为 disc(实心圆点)、circle(空心圆点)、square(实心小方块)；对于有序列表，我们也可以通过 type 属性来设置值为 1、a、A、i、I，如不想从头开始，我们还可以通过 start 属性来设置其起始值，比如 start="3"，代码显示如下，运行效果如图5-9 所示。

```
<div>
<ol type="1" start="3">
<li><a title="第五天  超链接伪类" href="/div_css/906.shtml" target="_blank">第五天 超链接伪类
</a></li>
<li><a title="第四天  纵向导航菜单" href="/div_css/905.shtml" target="_blank">第四天 纵向导航菜单
</a></li>
<li><a title="第三天  二列和三列布局" href="/div_css/904.shtml" target="_blank">第三天 二列和三列
布局</a></li>
<li><a title="第二天  一列布局" href="/div_css/903.shtml" target="_blank">第二天 一列布局</a></li>
<li><a title="第一天  XHTML CSS 基础知识" href="/div_css/902.shtml" target="_blank">第一天
XHTML CSS 基础知识</a></li>
</ol>
</div>
```

从图中我们可以看到列表的项目符号是从 3 开始，往后数。根据我们的需要，我们可以设置多种项目符号类型；另外，项目符号还可以是图像形式，其代码如下，运行效果如图 5-10 所示。

图 5-9　改变项目符号样式对话框　　　图 5-10　图像定义项目符号样式运行效果

```
<!DOCTYPE html >
<head>
<meta charset="utf-8" />
<title>图片作为项目列表的符号</title>
<style type="text/css">
li{
list-style-image: url(../img/Female.gif);
}
```

```
</style>
</head>
<body>
<div>
<ol>
<li><a title="第五天 超链接伪类" href="/div_css/906.shtml" target="_blank">第五天 超链接伪类
</a></li>
<li><a title="第四天 纵向导航菜单" href="/div_css/905.shtml" target="_blank">第四天 纵向导航菜单
</a></li>
<li><a title="第三天 二列和三列布局" href="/div_css/904.shtml" target="_blank">第三天 二列和三列
布局</a></li>
<li><a title="第二天 一列布局" href="/div_css/903.shtml" target="_blank">第二天 一列布局</a></li>
<li><a title="第一天  XHTML CSS 基础知识" href="/div_css/902.shtml" target="_blank">第一天
XHTML CSS 基础知识</a></li>
</ol>
</div>
</body>
</html>
```

5.2.3 横向图文列表

横向图文列表是在有序列表的基础上增
加图片并让列表横向排列，实现效果如图 5-11
所示。

横向图文列表的操作步骤如下。

(1) 先插入如下 html 代码。

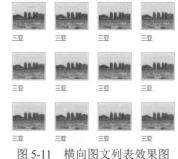

图 5-11 横向图文列表效果图

```
<div id="layout">
<ul>
<li><a href="#"><img src="三亚.bmp" width="68" height="54" />三亚</a></li>
<li><a href="#"><img src="三亚.bmp" width="68" height="54" />三亚</a></li>
<li><a href="#"><img src="三亚.bmp" width="68" height="54" />三亚</a></li>
<li><a href="#"><img src="三亚.bmp" width="68" height="54" />三亚</a></li>
<li><a href="#"><img src="三亚.bmp" width="68" height="54" />三亚</a></li>
<li><a href="#"><img src="三亚.bmp" width="68" height="54" />三亚</a></li>
<li><a href="#"><img src="三亚.bmp" width="68" height="54" />三亚</a></li>
<li><a href="#"><img src="三亚.bmp" width="68" height="54" />三亚</a></li>
<li><a href="#"><img src="三亚.bmp" width="68" height="54" />三亚</a></li>
<li><a href="#"><img src="三亚.bmp" width="68" height="54" />三亚</a></li>
<li><a href="#"><img src="三亚.bmp" width="68" height="54" />三亚</a></li>
<li><a href="#"><img src="三亚.bmp" width="68" height="54" />三亚</a></li>
<li><a href="#"><img src="三亚.bmp" width="68" height="54" />三亚</a></li>
<li><a href="#"><img src="三亚.bmp" width="68" height="54" />三亚</a></li>
<li><a href="#"><img src="三亚.bmp" width="68" height="54" />三亚</a></li>
</ul>
</div>
```

（2）接下来添加 CSS 样式。这里用到一个很重要的 CSS 属性——float。先添加如下全局样式。

```
body { margin:0 auto; font-size:12px; font-family:Verdana; line-height:1.5;}
ul,dl,dt,dd,h1,h2,h3,h4,h5,h6,form { padding:0; margin:0;}
ul { list-style:none;}
img { border:0px;}
a { color:#05a; text-decoration:none;}
a:hover { color:#f00;}
```

（3）然后让每个 li 元素浮动起来，这样就实现了横向排列，并且要设置好文本的对齐方式，以及宽度和外边距的大小，CSS 样式设置如下。

```
#layout ul li{width: 72px;float: left;margin-top: 20px;margin-left: 20px;}
```

下面设置 a 标签下图片的样式，设置图片的外边距、内边距大小以及边框属性，CSS 样式设置如下。

```
#layout ul li a img {padding: 1px;margin-bottom: 3px;border:
    1px solid #999999;}
```

为了获得更好的交互效果，这里增加鼠标划过时的样式，注意这里的选择器写法，CSS 样式设置如下所示。

```
#layout ul li a:hover img {padding: 0px;border: 2px solid
    #FFCC00;}
```

（4）最后生成的效果如图 5-12 所示。
对应的代码如下所示。

图 5-12　横向图文排列效果图

```
<!DOCTYPE html>
<head>
<meta charset="utf-8" />
<style type="text/css">
body { margin:0 auto; font-size:12px; font-family:Verdana; line-height:1.5;}
ul,dl,dt,dd,h1,h2,h3,h4,h5,h6,form { padding:0; margin:0;}
ul { list-style:none;}
img { border:0px;}
a { color:#05a; text-decoration:none;}
a:hover { color:#f00;}
#layout ul li {
text-align: center;
float: left;
width: 72px;
margin-top: 20px;
margin-left: 20px;
}
#layout ul li a img {
padding: 1px;
margin-bottom: 3px;
border: 1px solid #999999;
}
```

```
#layout ul li a:hover img {
padding: 0px;
border: 2px solid #FFCC00;
}
</style>
</head>
<body>
<div id="layout">
<ul>
<li><a href="#"><img src="三亚.bmp" width="68" height="54" />三亚</a></li>
<li><a href="#"><img src="三亚.bmp" width="68" height="54" />三亚</a></li>
<li><a href="#"><img src="三亚.bmp" width="68" height="54" />三亚</a></li>
<li><a href="#"><img src="三亚.bmp" width="68" height="54" />三亚</a></li>
<li><a href="#"><img src="三亚.bmp" width="68" height="54" />三亚</a></li>
<li><a href="#"><img src="三亚.bmp" width="68" height="54" />三亚</a></li>
<li><a href="#"><img src="三亚.bmp" width="68" height="54" />三亚</a></li>
<li><a href="#"><img src="三亚.bmp" width="68" height="54" />三亚</a></li>
<li><a href="#"><img src="三亚.bmp" width="68" height="54" />三亚</a></li>
<li><a href="#"><img src="三亚.bmp" width="68" height="54" />三亚</a></li>
<li><a href="#"><img src="三亚.bmp" width="68" height="54" />三亚</a></li>
<li><a href="#"><img src="三亚.bmp" width="68" height="54" />三亚</a></li>
<li><a href="#"><img src="三亚.bmp" width="68" height="54" />三亚</a></li>
<li><a href="#"><img src="三亚.bmp" width="68" height="54" />三亚</a></li>
<li><a href="#"><img src="三亚.bmp" width="68" height="54" />三亚</a></li>
</ul>
</div>
</body>
</html>
```

5.2.4 浮动后父容器高度自适应

图 5-13　浮动后文元素高度自适应效果图

当一个容器内的元素都浮动后，它的高度将不会随着内部元素高度的增加而增加，所以造成内容元素的显示超出了容器。为了便于查看效果，把刚才实例中的#layout增加一个边框和内边距，代码如下所示，效果如图 5-13 所示。

```
#layout { width:400px; border:2px solid red;
    padding:2px;}
```

请观察图 5-13 中的箭头标示处，该容器没有被内容元素撑高，要解决这个问题，需要使用以下样式：

```
overflow:auto; zoom:1
```

overflow:auto;是让高度自适应，zoom:1;是为了兼容 IE 6 而写，对于目前的主流浏览器只需要设置 overflow:auto 就可以了。

【单元小结】

- 通过 CSS 布局对一列宽度、高度及列数进行调整。
- HTML 列表的高级运用：用图片定义项目符号、横向图文列表、菜单列表。

【单元自测】

1. 要想使 DIV 一列固定宽度并居中，应该设置 CSS 的哪个属性？（　　）
   A. border:center;　　B. width:center;　　C. margin:auto;　　D. 以上都不对
2. 无序列表和有序列表的标签名分别是（　　）(两项)。
   A. ul　　　　　　　B. li　　　　　　　C. ol　　　　　　　D. nl
3. （　　）属性设置只影响所添加图像的显示，而原始图像的大小实际上不会改变。
   A. "宽"和"高"　　　　　　　　　B. 垂直边距、水平边距
   C. 源文件　　　　　　　　　　　D. 链接
4. 要想使列表横向排列，应该在 CSS 里添加下列哪个属性？（　　）
   A. margin　　　　　B. float　　　　　C. display　　　　D. overflow
5. 要想使列表高度自适应，应该在 CSS 里添加下列哪个属性？（　　）
   A. margin　　　　　B. float　　　　　C. display　　　　D. overflow

【上机实战】

上机目标

- 掌握基本 CSS 布局方法
- 使用列表实现特殊效果

上机练习

◆ 第一阶段 ◆

练习 1：对页面进行布局

【问题描述】

有 3 个 DIV，分别对其使用一列固定宽度、一列自适应宽度和一列固定宽度居中，效果如图 5-14 所示。

【问题分析】

这类布局的好处是当改变浏览器大小时，可以按照设置要求灵活地改变相应内容的位置，使其看起来更美观。

【参考步骤】

参照课本。

参考代码：

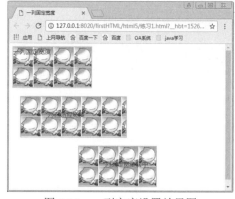

图 5-14　一列宽度设置效果图

```
<!DOCTYPE html>
<head>
<meta charset="utf-8" />
<title>一列固定宽度</title>
<style type="text/css">
<!--
#layout {
  border: 2px solid #A9C9E2;
  background-color: #E8F5FE;
  height: 100px;
  width: 200px;
}
#layout2 {
  border: 2px solid #A9C9E2;
  background-color: #E8F5FE;
  height: 100px;
  width: 50%;
  margin:20px;
}
#layout3 {
  border: 2px solid #A9C9E2;
  background-color: #E8F5FE;
  height: 100px;
  width: 200px;
  margin:20px auto;
}
-->
</style>
</head>
<body>
<div id="layout" style="background:url(../img/eg_cute.gif)"><span style="color:#CC0000">一列固定宽度
</span></div>
<div id="layout2" style="background:url(../img/eg_cute.gif)"><img src="../img/eg_cute.gif" /><span
style="color:#CC0000">一列自适应宽度</span></div>
<div id="layout3" style="background:url(../img/eg_cute.gif)"><img src="../img/eg_cute.gif" />
<span style="color:#CC0000">一列固定宽度居中</span></div>
</body>
</html>
```

◆　第二阶段　◆

练习 2：制作列表

【问题描述】

实现如图 5-15 所示的图文列表。

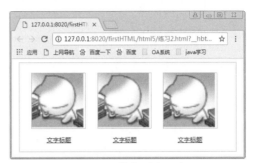

【问题分析】

这个图片列表宽 500 像素，其中有 3 张图片，并且每张图片下方都带有文字链接。此图片列表的 HTML 代码如下。

图 5-15　横向图文列表

```
<div id="imglist">
<ul>
<li><a href="#" target="_blank"><img src="../img/eg_cute.gif' border="0" /><span>文字标题
    </span></a></li>
<li><a href="#" target="_blank"><img src="../img/eg_cute.gif' border="0" /><span>文字标题
    </span></a></li>
<li><a href="#" target="_blank"><img src="../img/eg_cute.gif' border="0" /><span>文字标题
    </span></a></li>
</ul>
</div>
```

将此段 HTML 代码复制到 HTML 编辑工具中的网页源代码中预览，此刻，页面必然是错乱的，下面我们再一步一步将 CSS 完善。

(1) 全局定义。

```
body,td,th {
font-size: 14px;
}
ul,li {
padding:0;
margin:0;
list-style:none;
}
a:hover {
color:#CCFF00;
}
```

(2) 定义容器宽度和列表宽度。

```
#imglist {
  width:788px;
  border:1px solid #b5b5b5;
  margin:0 auto;
  clear:both;
  height:176px;
  padding:22px 0 0;
  }
  #imglist li {
```

```
float:left;
  text-align:center;
  line-height:30px;
  margin:0 0 0 27px;
  width:125px;
  white-space:nowrap;
  overflow:hidden;
  display:inline;
}
  #imglist li span {
  display:block;
  }
```

(3) 添加对图片限制的 CSS。

```
#imglist li img {
  width:123px;
  height:123px;
  border:1px solid #b5b5b5;
  }
```

经过上述步骤，这个列表应该算是一个比较严谨的图片列表布局了。

【拓展作业】

模仿百度图片搜索功能显示图片列表，效果如图 5-16 所示。

图 5-16 显示图片列表

应用 CSS 设置链接和导航菜单

 课程目标

▶ 掌握如何使用超链接伪类

▶ 掌握如何使用 CSS 进行表单设计

▶ 掌握如何使用 CSS 美化导航菜单

 简 介

本章主要学习 CSS 的一些高级运用。超链接伪类用于向某些选择器添加特殊的效果，另外，通过 CSS 可以对表单以及导航菜单进行优化，使页面更加美观。

6.1 超链接伪类的应用

6.1.1 超链接的 4 种样式

超链接可以说是网页发展史上的一个伟大发明，它使得许多页面相互链接，从而构成一个网站。说到超链接，它涉及一个新的概念——伪类，我们先看下超链接的 4 种样式。

```
a:link {color: #FF0000} /* 未访问的链接 */
a:visited {color: #00FF00} /* 已访问的链接 */
a:hover {color: #FF00FF} /* 鼠标移动到链接上 */
a:active {color: #0000FF} /* 选定的链接 */
```

以上分别定义了超链接未访问时的链接样式、已访问的链接样式、鼠标移上时的链接样式和选定的链接样式。之所以称之为伪类，是因为它不是一个真实的类，正常的类是以点开始，后边跟一个名称，而它是以 a 开始，后边跟个冒号，再跟个状态限定字符。例如，第 3 个 a:hover 的样式，只有当鼠标移动到该链接上时它才生效，而 a:visited 只对已访问过的链接生效。伪类使得用户体验大大提高，例如，我们可以设置鼠标移上时改变颜色或下划线等属性来告知用户这是可以单击的；设置已访问过的链接的颜色变灰暗或加删除线来告知用户这个链接的内容已访问过了。

下面通过做一个默认状态下是蓝色、鼠标放上去时是红色加下划线、选定(按下)时为紫色、已访问过为灰色加删除线的实例来讲解一下。首先插入 3 个带超链接的内容，代码如下，效果如图 6-1 所示。

图 6-1 超链接

```
<p><a href="#">这里是链接</a></p>
<p><a href="www.baidu.com">这里是百度链接</a></p>
<p><a href="10.html">这里也是链接</a></p>
```

从图 6-1 中可以看出，插入的超链接默认是蓝色带下划线的，这是标签的默认样式所致，接下来，我们定义未访问超链接的样式，代码如下，效果如图 6-2 所示。

```
a:link { color: yellowgreen; text-decoration: none; }
```

设置完 a:link 的样式后，下面分别设置 a:visited、a:hover 和 a:active 的样式。

图 6-2 未访问超链接

代码如下，效果如图 6-3 所示。

```
<!DOCTYPE html>
<head>
<meta charset="utf-8" />
<style type="text/css">
a:link { color: yellowgreen; text-decoration: none; }
a:visited{color:red;}
a:hover{color: darkgoldenrod;text-decoration: underline;}
a:active{color: brown;text-decoration: line-through;}
</style>
</head>
<body>
<p><a href="#">这里是链接</a></p>
<p><a href="www.baidu.com">这里是百度链接</a></p>
<p><a href="10.html">这里也是链接</a></p>
</body>
</html>
```

图 6-3　访问过程中的超链接

 注意

4 种状态的顺序一定不能颠倒，否则有些不会生效。

6.1.2　将链接转换为块级元素

链接在默认状态下是内联元素，转换为块级元素后可以获得更大的单击区域。可以设置宽度和高度，将链接转换为块状，只需增加一个 display:block 的 css 属性即可，其 CSS 文件代码如下，效果如图 6-4 所示。

```
a { display: block; height: 30px; width: 100px; line-height: 30px; text-align: center; background: #CCC; }
```

这样设置的结果是全局 a 都执行这个样式的显示。

接下来设置一下鼠标移动到链接上时的状态，其他几种状态的设置方法一样，代码如下，效果如图 6-5 所示。

```
<!DOCTYPE html>
<head>
<meta charset="utf-8" />
<style type="text/css">
a { display: block; height: 30px; width: 100px; line-height: 30px; text-align: center; background: #CCC; }
a:hover { color: #FFF; text-decoration: none; background: #333; }
</style>
</head>
<body>
<p><a href="#">这里是链接</a></p>
<p><a href="www.baidu.com">这里是百度链接</a></p>
<p><a href="10.html">这里也是链接</a></p>
</body>
</html>
```

图 6-4　链接的块状显示　　　　　　图 6-5　鼠标移动到链接上的块状显示

6.1.3　用 CSS 制作按钮

学会了把超链接转换为块级元素，想制作一个 css 按钮简直太简单了，只需在上一步的基础上增加一个按钮的背景图片即可实现。下面以制作淘宝网首页的免费注册按钮为例，来讲解设置最常用的默认样式和鼠标划过时的样式。

首先需要准备默认状态和鼠标划过状态的图片，如图 6-6 所示。

图 6-6　默认状态和鼠标滑过状态图片

修改之前的 HTML 如下，然后重新定义 CSS 样式，

```
<p><a href="#">免费注册</a></p>
```

生成的 html 代码如下，效果如图 6-7。

```
<!DOCTYPE html>
<head>
<meta charset="utf-8" />
<style type="text/css">
a { display: block; height: 34px; width: 107px; line-height: 2; text-align: center; background: url(img/white_btn.png) no-repeat 0px 0px; color: #d84700; font-size: 14px; font-weight: bold; text-decoration: none; padding-top: 3px; }
a:hover { background: url(../img/gray_btn.png) no-repeat 0px 0px;}
</style>
</head>
<body>
<p><a href="#">免费注册</a></p>
</body>
</html>
```

6.1.4　首字下沉

图 6-7　鼠标滑过状态按钮

首字下沉是 CSS 伪类上的又一个运用，它可以直接通过 CSS 样式表为某个选择器中的文本首字母添加特殊的样式，而不需要给首字添加一个标签或通过程序来实现。现在以

制作 Word 里的首字下沉为例来讲解，应用如下伪元素。

:first-letter

在页面中添加如下一段内容，只通过设置样式就可以实现首字下沉了。

<p>SVSE8.0 HTML 网页设计</p>

为了便于观察效果，我们设置 p 的样式如下。

p { width: 400px; line-height: 1.5; font-size: 14px; }

然后设置 p:first-letter 的样式，代码如下，效果图如图 6-8 所示。

```
<!DOCTYPE html>
<head>
<meta charset="utf-8" />
<style type="text/css">
p { width: 400px; line-height: 1.5; font-size: 14px; }
p:first-letter { font-family: "microsoft yahei"; font-size: 40px;
    float: left; padding-right: 10px; line-height: 1; }
</style>
</head>
<body>
<p>SVSE8.0 HTML 网页设计</p>
</body>
</html>
```

图 6-8　首字母下沉

6.2 应用 CSS 美化表单元素

6.2.1 改变文本框和文本域样式

先说一下文本框，文本框和文本域都是可以用 CSS 进行美化的。比如改变边框粗细、颜色，添加背景色和背景图像等。请看下面的实例，效果如图 6-9 所示。

```
.text1 { border:1px solid #f60; color:#03C;}
.text2 { border:2px solid #390; width:200px; height:28px; font-size:16px; font-weight:bold;
line-height:1.6;}
.text3 { border:2px solid #C3C; height:30px; background:#ffeeff url(lock.gif) right 3px no-repeat;}
.text4 { border:2px solid #F60; width:150px; height:80px;font-size:16px; line-height:1.6;
background:url(xiaobing.gif)    right    no-repeat;}
```

这 4 个样式表分别对应第 2、3、4、5 行表单，第 1 行是文本框的默认样式；第 2 行为设置边框和字体颜色的样式；第 3 行为设置边框、宽度、高度、字体大小和行高的样式；第 4 行为设置边框、增加背景色和背景图片；第 5 行为增加一个 gif 动画的背景图片，这样看起来是不是生动了许多？具体步骤不再赘述。

图 6-9　改变文本框和文本样式

下面我们看一下文本域的样式设置。

```
.area { border:1px solid #F90; overflow:auto; background:#fff url(net_bg.gif) right bottom no-repeat;
width:99%; height:100px;}
```

图 6-9 中第 1 个为默认的文本域样式，下边为设置边框、宽度百分比、高度和背景图片后的样式。overflow:auto 定义当内容不超过现在文本域高度时不出现滚动条。下面运行一下代码，看看两者的效果吧。

```
<!DOCTYPE html>
<head>
<meta charset="utf-8" />
<style type="text/css">
.text1 { border:1px solid #f60; color:#03C;}
.text2 { border:2px solid #390; width:200px; height:28px; font-size:16px; font-weight:bold;
     line-height:1.6;}
.text3 { border:2px solid #C3C; height:30px; background:#ffeeff url(lock.gif) right 3px no-repeat;}
.text4 { border:2px solid #F60; width:150px; height:80px;font-size:16px; line-height:1.6;
background:url(xiaobing.gif)    right    no-repeat;}
.area { border:1px solid #F90; overflow:auto; background:#fff url(net_bg.gif) right bottom no-repeat;
width:99%; height:100px;}
</style>
</head><body>
<p>
<input type="text" name="textfield" id="textfield" />这是默认样式
</p>
<p>
<input name="textfield2" type="text" class="text1" id="textfield2" value="我是蓝色的" />
这是改变边框的样式和文字颜色
</p>
```

```
<p>
<input name="textfield3" type="text" class="text2" id="textfield3" value="看我大吧" />
这是改变边框并设置高宽和字体大小的样式
</p>
<p>
<input class="text3" type="text" name="textfield4" id="textfield4" />
这是增加背景图片实例，也可放左侧
</p>
<p>
<input class="text4" type="text" name="textfield5" id="textfield5" />
这是增加了一个背景图片为gif动画
</p>
<p>
<textarea name="textarea" id="textarea" cols="45" rows="5"></textarea>
</p>
<p>
<textarea class="area" name="textarea2" id="textarea2" cols="45" rows="5"></textarea>
</p>
</body>
</html>
```

6.2.2　用图片美化按钮

按钮也是网页中常见的元素，但默认的样式有时候和页面整体效果不协调，需要把它美化一下，按钮的样式设置和文本框如出一辙，没有什么特别之处。下面以 3 个实例进行说明，代码如下，效果如图 6-10 所示。

```
.btn02 { background:#fff url(btn_bg2.gif) 0 0; height:22px; width:55px; color:#297405; border:1px solid
    #90be4a; font-size:12px; font-weight:bold; line-height:180%; cursor:pointer;}
.btn04 { background:url(btn_bg2.gif) 0 -24px; width:70px; height:22px; color:#9a4501; border:1px solid
    #dbb119; font-size:12px; line-height:160%; cursor:pointer;}
.btn07 { background:url(submit_bg.gif) 0px -8px; border:1px solid #cfab25; height:32px; font-weight:bold;
    padding-top:2px; cursor:pointer; font-size:14px; color:#660000;}
.btn08 { background:url(submit_bg.gif) 0px -64px; border:1px solid #8b9c56; height:32px; font-weight:bold;
    padding-top:2px; cursor:pointer; font-size:14px; color:#360;}
.btn09 { background:url(http://www.aa25.cn/upload/2010-08/14/014304_btn_bg.gif) 0 0 no-repeat;
    width:107px; height:37px; border:none; font-size:14px; font-weight:bold; color:#d84700; cursor:pointer;}
```

图 6-10 中的按钮，前两个为固定宽度，但宽度可以根据需要随意调整；中间两个为自适应宽度，根据字数多少来适应。这 4 个样式都是采用一个背景图片横向循环实现，所以宽度不受限制。最后一个完全采用背景图片，这样宽度就得固定不变，否则会影响美观。需要注意的是这种方式需要去掉按钮边框。

采用以上按钮有一个好处，即当 CSS 样式表没有加载上时，将会显示为默认按钮样式，这样用户可以

图 6-10　图片美化按钮

清楚地知道这是个按钮，正常加载后，会使按钮更加美观。图片美化按钮和我们前面所讲的 CSS 按钮有所不同，前面所讲的按钮实际还是个链接，而这里的是按钮元素。(注：不同浏览器下显示效果略有不同。)

```
<!DOCTYPE html>
<head>
<meta charset="UTF-8" />
<style type="text/css">
.btn02 { background:#fff url(btn_bg2.gif) 0 0; height:22px; width:55px; color:#297405; border:1px solid
    #90be4a; font-size:12px; font-weight:bold; line-height:180%; cursor:pointer;}
.btn04 { background:url(btn_bg2.gif) 0 -24px; width:70px; height:22px; color:#9a4501; border:1px solid
    #dbb119; font-size:12px; line-height:160%; cursor:pointer;}
.btn07 { background:url(submit_bg.gif) 0px -8px; border:1px solid #cfab25; height:32px; font-weight:bold;
    padding-top:2px; cursor:pointer; font-size:14px; color:#660000;}
.btn08 { background:url(submit_bg.gif) 0px -64px; border:1px solid #8b9c56; height:32px; font-weight:bold;
    padding-top:2px; cursor:pointer; font-size:14px; color:#360;}
.btn09 { background:url(btn.gif) 0 0 no-repeat; width:107px; height:37px; border:none; font-size:14px;
    font-weight:bold; color:#d84700; cursor:pointer;}
</style>
</head>
<body>
<p>
<input name="button" type="submit" class="btn02" id="button" value="提交" />
</p>
<p>
<input name="button2" type="submit" class="btn04" id="button2" value="提交" />
</p>
<p>
<input name="button" type="submit" class="btn07" id="button" value="提交" />
</p>
<p>
<input name="button2" type="submit" class="btn08" id="button2" value="看看我的宽度有多宽" />
</p>
<p>
<input name="button" type="submit" class="btn09" id="button" value="免费注册" />
</p>
</body>
</html>
```

6.2.3 改变下拉列表样式

IE 6 对下拉列表的背景和宽度样式生效，其他绝大部分不生效，IE 11 有对边框和高度的支持。但这似乎离我们的要求还很远，所以不得不寻求其他的办法。先来看下面 3 个图(图6-11~图 6-13)，同一代码分别在 IE 6、google、IE 11 浏览器下显示的差异吧。

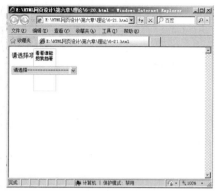

图 6-11　IE 6 中下拉列表样式效果

图 6-12　google 中下拉列表样式效果

图 6-13　IE 11 中下拉列表样式效果

```html
<!DOCTYPE html>
<head>
<meta charset="UTF-8" />
<style type="text/css">
.select { border:1px solid #f60; background:#FF9; height:30px;}
.tip { width:50px; border:1px solid #ccc; background:#fff; position:absolute; top:5px; left:70px;
font-size:12px; height:100px; padding:5px;}
</style>
</head>
<body>
<p>请选择项目</p>
<p>
<select name="select" id="select" class="select">
<option>请选择----------------</option>
<option>标准之路</option>
</select>
</p>
<div class="tip">看看谁能把我挡着</div>
</body>
</html>
```

　　3 个浏览器下的显示都不尽相同，所以最好是寻求其他的办法或者使用默认样式。其中，IE 6 浏览器下被遮挡，可以把浮动层设为 iframe，因为下拉列表不会跑到 iframe 上边。有更高美化需求的可以用 div 模拟来代替下拉列表，但这种方法实现起来比较麻烦，由于时间关系，本节不做过多介绍。

6.2.4 用 label 标签提升用户体验

label 标签常常被大家忽略，合理利用它会使页面的用户体验得到提升。我们可以对表单的说明文字使用 label 标签，这样当用户单击文字时，光标就会定位到表单上。

如图 6-14 所示，当单击"姓名"文字时，光标就会定位到后边的文本框；单击"男"、"女"文字也会选中相应的选项；同理，复选框和文本域也是如此。

图 6-14　label 标签定位光标

```html
<!DOCTYPE html >
<head>
<meta charset="utf-8" />
<style type="text/css">
</style>
</head>
<body>
<p>
<label for="name">姓名：</label>
<input type="text" name="name" id="name" />
</p>
<p>性别：
<input type="radio" name="sex" id="male" value="radio" /><label for="male">男</label>
<input type="radio" name="sex" id="female" value="radio2" /><label for="female">女</label></p>
<p>爱好：
<input type="checkbox" name="music" id="music" /><label for="music">听音乐</label>
<input type="checkbox" name="web" id="web" /><label for="web">上网</label>
<input type="checkbox" name="book" id="book" /><label for="book">看书</label></p>
<p>
<label for="content">简历：</label>
<textarea name="content" id="content" cols="45" rows="5"></textarea>
</p>
<p> </p>
<p>  </p>
</body>
</html>
```

6.3　设置导航菜单

6.3.1　横向列表菜单

第 5 章学过横向列表，又学习了 float 属性，那么要实现横向列表菜单就很简单了，只需把 li 横向排列即可。代码如下，效果如图 6-15 所示。

```
<!DOCTYPE html>
<head>
<meta charset="utf-8" />
<style type="text/css">
body { font-family: Verdana; font-size: 12px; line-height: 1.5; }
a { color: #000; text-decoration: none; }
a:hover { color: #F00; }
#menu { border: 1px solid #CCC; height:26px; background: #eee;}
#menu ul { list-style: none; margin: 0px; padding: 0px; }
#menu ul li { float:left; padding: 0px 8px; height: 26px; line-height: 26px; }
</style>
</head>
<body>
<div id="menu">
<ul>
<li><a href="#">首页</a></li>
<li><a href="#">网页版式布局</a></li>
<li><a href="#">div+css 教程</a></li>
<li><a href="#">div+css 实例</a></li>
<li><a href="#">常用代码</a></li>
</ul>
</div>
</body>
</html>
```

横向列表菜单最主要就是用 float 让 li 向右浮动后，实现横向排列，具体步骤不再赘述。以前有人提问怎么让它水平居中，其实很简单，首先使导航的宽度固定，然后设置 margin:0 auto;即可实现，CSS 代码如下，效果如图 6-16 所示。

```
#menu {border:1px solid #CCC;height:26px;width:370px;background:#eee;margin: 0 auto;}
```

图 6-15　横向列表菜单

图 6-16　设置方框属性

为了用户体验更加友好，可以把 a 转换成块级元素，也可以给 a 设置背景色或背景图片使它更加美观，然后再设置鼠标放上时的样式。

```
#menu { width:370px; margin:0 auto; border: 1px solid #CCC; height:26px; background: #eee;}
#menu ul { list-style: none; margin: 0px; padding: 0px; }
#menu ul li { float:left;}
#menu ul li a { display:block; padding: 0px 8px; height: 26px; line-height: 26px; float:left;}
#menu ul li a:hover { background:#333; color:#fff;}
```

经过修改，现在的用户体验是不是更加友好了呢？如图 6-17 所示。

这里的#menu ul li a 本来是可以不加 float:left 的，但 IE 6 中，在 li 没有设置宽度、#menu ul li a 设置了 display:block 的情况下，将会显示错乱，所以需要在 a 上增加 float:left 来修正。

至此，常用的样式大部分都涉及了，为了提高效率，建议大家还是手写代码，如果你还不能手写代码，就参考前面的样式，自己在 css 编辑器里设置吧。

图 6-17　横向列表菜单水平居中效果图

6.3.2　用图片美化的横向导航

背景图片也是网页制作当中最常用的样式之一。运用好背景图片，可以使用户的页面更加出色、更加人性化，而且还会拥有更快的加载速度，显示效果如下。

其中，用到 3 张图片，分别为当前状态、鼠标放上时的样式和默认样式用的图片。

下面修改 css 样式，添加上背景图片，CSS 文件如下。

```
#menu { width:500px; height:28px; margin:0 auto; border-bottom:3px solid #E10001;}
#menu ul { list-style: none; margin: 0px; padding: 0px; }
#menu ul li { float:left; margin-left:2px;}
#menu ul li a { display:block; width:87px; height:28px; line-height:28px; text-align:center;
    background:url(btn_silver.gif) 0 0 no-repeat; font-size:14px;}
#menu ul li a:hover { background:url(btn_pink.gif) 0 0 no-repeat;}
#menu ul li a#current { background:url(btn_red.gif) 0 0 no-repeat; font-weight:bold; color:#fff;}
```

为了让用户知道当前所处的页面，再做一个当前页面的状态，把ID添加到相应的a上。

```
<!DOCTYPE html >
<head>
<meta charset="utf-8" />
<style type="text/css">
body { font-family: Verdana; font-size: 12px; line-height: 1.5; }
a { color: #000; text-decoration: none; }
a:hover { color: #F00; }
#menu { width:500px; height:28px; margin:0 auto; border-bottom:3px solid #E10001;}
#menu ul { list-style: none; margin: 0px; padding: 0px; }
#menu ul li { float:left; margin-left:2px;}
#menu ul li a { display:block; width:87px; height:28px; line-height:28px; text-align:center;
    background:url(btn_silver.gif) 0 0 no-repeat; font-size:14px;}
#menu ul li a:hover { background:url(btn_pink.gif) 0 0 no-repeat;}
#menu ul li a#current { background:url(btn_red.gif) 0 0 no-repeat; font-weight:bold; color:#fff;}
```

```
</style>
</head>
<body>
<div id="menu">
<ul>
<li><a id="current" href="#">首页</a></li>
<li><a href="#">网页版式</a></li>
<li><a href="#">web 教程</a></li>
<li><a href="#">web 实例</a></li>
<li><a href="#">常用代码</a></li>
</ul>
</div>
</body>
</html>
```

6.3.3　CSS Sprites 技术

在国内，很多人将 CSS Sprites 称为 CSS 精灵或 CSS 雪碧。它把网页中的一些背景图片整合到一张图片文件中，再利用 CSS 的背景图片定位到要显示的位置。这样做可以减少文件体积，减少对服务器的请求次数，提高效率。

介绍 CSS Sprites 之前，先把背景图片给搞清楚。

```
#menu ul li a { background:#ccc url(btn_silver.gif) 0 0 no-repeat; }
```

CSS 背景属性缩写后如上所示，#ccc 表示背景色；url()里是背景图片路径；接下来的两个数值参数分别是左右和上下，第一个参数表示距左边多少 px，第二个参数表示距上边多少 px，这和 padding 的简写方式不一样，一定不要混淆。另外，再强调一点：当 CSS 中值为 0 时可以不带单位，其他数值都必须带单位(line-height 值为多少倍时，zoom、z-index 除外)；no-repeat 表示背景图片向哪个方向重复，此时为不重复。

还需说明的一点是，定位图片位置的参数是以图片的左上角为原点的。理解了这些，CSS Sprites 技术基本上就懂了，就是靠背景图片定位来实现。把三张背景图片整合到一张上，如图 6-18 所示。

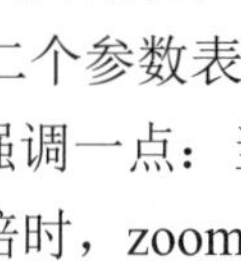

```
<!DOCTYPE htm>
<head>
<meta charset="utf-8" />
<style type="text/css">
body { font-family: Verdana; font-size: 12px; line-height: 1.5; }
a { color: #000; text-decoration: none; }
a:hover { color: #F00; }
#menu { width:500px; height:28px; margin:0 auto; border-bottom:3px solid #E10001;}
#menu ul { list-style: none; margin: 0px; padding: 0px; }
#menu ul li { float:left; margin-left:2px;}
#menu ul li a { display:block; width:87px; height:28px; line-height:28px; text-align:center;
     background:url(btn_ Sprites.gif) 0 -28px no-repeat; font-size:14px;}
#menu ul li a:hover { background:url(btn_ Sprites.gif) 0 -56px no-repeat;}
#menu ul li a#current { background:url(btn_ Sprites.gif) 0 0 no-repeat; font-weight:bold; color:#fff;}
```

图 6-18　图片整合效果图

```
</style>
</head>
<body>
<div id="menu">
<ul>
<li><a id="current" href="#">首页</a></li>
<li><a href="#">网页版式</a></li>
<li><a href="#">web 教程</a></li>
<li><a href="#">web 实例</a></li>
<li><a href="#">常用代码</a></li>
</ul>
</div>
</body>
</html>
```

设置好后的效果如图 6-19 所示。

6.3.4 二级菜单列表

大家上网冲浪时，会看到很多菜单
列表，一个主菜单下可能会有二级菜单
及三级菜单，菜单列表已经成为网页的
重要组成部分。在网页的导航栏上通常
也会有菜单列表的出现，能够给我们呈
现出大量的信息，通常一级菜单内容都

图 6-19 用 CSS Sprites 技术设置背景图片效果图

是言简意赅，通过比较简短的文字来说明核心内容，然后通过二级菜单来把一级菜单分成
几个部分，后面链接来呈现具体内容，菜单列表的 HTML 代码具体如下。

```
<div class="menu">
  <ul>
   <li><a href="#">手机数码</a>
    <ul>
      <li><a href="#">小米</a></li>
      <li><a href="#">华为</a></li>
      <li><a href="#">OPPO</a></li>
      <li><a href="#">魅族</a></li>
    </ul>
   </li>
   <li><a href="#">品牌家电</a></li>
   <li><a href="#">衣服鞋包</a></li>
   <li><a href="#">生鲜速冻</a></li>
   <li><a href="#">建材家居</a></li>
  </ul>
</div>
```

把上述 HTML 文件修饰成一个菜单列表，具体 CSS 代码如下，运行效果如图 6-20
所示。

```
<style type="text/css">
    body{padding-top: 100px;text-align: center;}
    .menu{border: 2px solid dimgray;overflow: hidden;display: inline-block;}
    .menu a{text-decoration: none;}
    .menu ul,.menu li{list-style: none;margin: 0;padding: 0;float: left;}
    .menu > ul > li ul{position: absolute;display: none;}
    .menu > ul > li > ul > li{float: none;}
    .menu > ul > li:hover ul{display: block;}
    .menu > ul > li >a{width: 120px;line-height: 40px;color: black;background-color:
        lightpink;text-align: center;border-left: 1px solid red;display: block;}
    .menu >ul >li:first-child >a{border-left: none;}
    .menu > ul > li > ul >li >a{width: 120px;line-height: 36px;color: black;background-color:
        aliceblue;text-align: center;display: block;}
    .menu >ul>li > ul> li >a{border-top: 1px solid gray;}
</style>
```

图 6-20　二级菜单列表

其中对于 CSS 文件中，li:first-child 中的 first-child 表示对第一个子对象的引用。.menu >ul >li:first-child >a{border-left: none;}表示显示 ul 列表下第一个子对象"手机数码"左侧边框为无。

【单元小结】

- 超链接伪类的 4 种样式：a:link、a:visited、a:hover 和 a:active
- 通过 CSS 表单设计可以美化文本框、按钮、下拉列表等
- 用横向列表的 float 浮动定位制作导航菜单，然后通过 CSS 技术来美化

【单元自测】

1. 超链接 a:hover 表示( )。
   A. 未访问的链接　　　　　　　B. 已访问的链接
   C. 鼠标移动到链接上　　　　　D. 选定的链接

2. 表单包括两个部分，下列选项中属于表单组成部分的是(　　)。

　　A. 表单　　　　B. 表单对象　　　C. 表单域　　　　D. 以上都是

3. 下面能正确实现 label 标签的光标定位作用的是(　　)。

　　A. \<label\>XX\</label\>\<input type="text" name="姓名" id="name" /\>

　　B. \<label for="name"\>XX\</label\>\<input type="text" name="姓名" id="name" /\>

　　C. \<label onblur="name"\>XX\</label\>\<input type="text" name="姓名" id="name" /\>

　　D. \<label for="姓名"\>XX\</label\>\<input type="text" name="姓名" id="name" /\>

4. 要使列表菜单变成横向的，关键是下面哪句代码？(　　)

　　A. #menu ul { list-style: none; margin: 0px; padding: 0px; }

　　B. #menu ul li { float:left;}

　　C. #menu ul li a { display:block; padding: 0px 8px; height: 26px; line-height: 26px; float:left;}

　　D. #menu ul li a:hover { background:#333; color:#fff;}

5. CSS Sprites 技术是指(　　)。

　　A. 把多张图片文件合并

　　B. 把背景图片变成图片文件

　　C. 把多张背景图片合并成一张图片文件

　　D. 把多张图片文件合并成一张背景图片

【上机实战】

上机目标

- 掌握伪类的使用
- 使用 CSS 表单设计美化页面
- 在网页上使用导航菜单

上机练习

◆ 第一阶段 ◆

练习 1：超链接伪类的使用

【问题描述】

　　伪类常见的使用对象就是超链接，超链接最初不带下划线，如图 6-21 所示；当用户鼠标指针移动到超链接上时，会显示红色的下划线，如图 6-22 所示；当用户单击时，超链接又变成绿色，并且变得没有下划线，如图 6-23 所示。

图 6-21　不带下划线的超链接

图 6-22　鼠标指针悬停时显示下划线

图 6-23　单击时不带下划线

【问题分析】

题目很简单，只要分清超链接伪类的 4 种样式就很容易实现了。

- a:link 为访问的链接
- a:visited 为已访问的链接
- a:hover 为鼠标移动到链接上
- a:active 为选定的链接

【参考步骤】

```
<!DOCTYPE html>
<head>
<title>无标题文档</title>
<meta charset="utf-8" />
<style type="text/css">
a{      /* 设置超链接不带下划线，text-decoration 表示对文本修饰*/
color:blue;
text-decoration:none;
}
a:hover{    /* 鼠标在超链接上悬停时，带下划线*/
color:red;
text-decoration:underline;
}
a:active{    /* 活动链接时，颜色为绿色，并不带下划线*/
color:green;
text-decoration:none;
}
</style>
</head>
<body>
<a href="http://www.163.com">我是超链接，移过来后再单击我试试看</a>
</body>
</html>
```

练习 2：用 CSS 设计导航菜单

【问题描述】

通过 CSS 技术实现如图 6-24 所示的效果，素材由教员提供。

图 6-24　用 CSS 美化后的导航菜单

【问题分析】

● 该导航菜单效果包括两个部分：上层子菜单和下层子菜单。

● 不用动态实现切换按钮效果，但鼠标移动到菜单上的效果要显示。

● 素材需要用到 CSS Sprites 技术来实现背景图。

【参考步骤】

(1) 导航分为一级导航和二级导航，所以需要在 nav 下插入 nav_main 和 nav_son 两个块元素。

```
<div id="nav">
<div id="nav_l"></div>
<div id="nav_r"></div>
<div class="nav_main">
<ul>
<li><a href="#"><span>首页</span></a></li>
<li><a href="#" id="nav_current"><span>企业新闻</span></a></li>
<li><a href="#"><span>企业简介</span></a></li>
<li><a href="#"><span>产品展厅</span></a></li>
<li><a href="#"><span>企业历史</span></a></li>
<li><a href="#"><span>招商加盟</span></a></li>
<li><a href="#"><span>网上下单</span></a></li>
<li><a href="#"><span>联系我们</span></a></li>
</ul>
</div>
<div class="nav_son">
<ul>
<li><a href="#">企业动态</a></li>
<li><a href="#">领导活动</a></li>
<li><a href="#">产品资讯</a></li>
<li><a href="#">通知公告</a></li>
</ul>
</div>
</div>
```

(2) 设置好全局样式。

```
body { margin:0 auto; font-size:12px; font-family:Verdana; line-height:1.5;}
ul,dl,dd,h1,h2,h3,h4,h5,h6,form,p { padding:0; margin:0;}
ul { list-style:none;}
a { color:#444; text-decoration:none;}
```

(3) 设置 nav 的高度及背景图片样式。

```
#nav { height:66px; background:url(nav_bg.gif) 0 0 repeat-x; margin-bottom:8px;}
```

(4) 设置主菜单和子菜单样式。

```
.nav_main { height:36px; overflow:hidden;}
.nav_main ul li { float:left; font-size:14px; font-weight:bold; margin:5px 5px 0 5px;}
.nav_main ul li a { float:left; display:block; height:26px; line-height:26px; color:#fff; padding-left:20px;}
.nav_main ul li a span { float:left; display:block; padding-right:20px;}
.nav_main ul li a:hover { background:url(nav_bg.gif) 0 -163px no-repeat; color:#fff;}
.nav_main ul li a:hover span { background:url(nav_bg.gif) right -163px no-repeat; cursor:pointer;}
.nav_main ul li a#nav_current { height:31px; line-height:31px; background:url(nav_bg.gif) 0 -132px
no-repeat; color:#646464;}
.nav_main ul li a#nav_current span { height:31px; background:url(nav_bg.gif) right -132px no-repeat;}
.nav_son { height:30px;}
.nav_son ul li { float:left; margin-top:4px;}
.nav_son ul li a { display:block; width:78px; height:22px; line-height:22px; text-align:center;
color:#6e6e6e;}
.nav_son ul li a:hover { background:url(nav_bg.gif) 0 -198px no-repeat;color:#FF0000;}
```

注意这里用到了 CSS Sprites 技术，剪切图片的坐标要精确。

(5) 最后一步就是实现两端的圆角。实现圆角的方法也不复杂，只需再增加两行代码和两个样式即可。在 nav 下的 nav_main 之前增加如下两行代码。

```
<div id="nav_l"></div>
<div id="nav_r"></div>
```

然后用样式表定义一个左侧的圆角和一个右侧的圆角，css 样式如下。

```
#nav_l { float:left; height:66px; width:5px; overflow:hidden; background:url(nav_bg.gif) 0 -66px no-repeat;
margin-right:10px;}
#nav_r { float:right; height:66px; width:5px; overflow:hidden; background:url(nav_bg.gif) -5px -66px
no-repeat;}
```

至此，整个导航菜单效果就出来了。

◆ 第二阶段 ◆

练习 3：实现网站头部设计

【问题描述】

在练习 2 的基础上加入网站头部 logo，如图 6-25 所示。

图 6-25　网站头部

【问题分析】

头部 logo 分为两部分，左边是 logo 图标，右边是搜索功能。只需实现显示效果即可，用 CSS+DIV 的浮动定位来实现。

【拓展作业】

按照上机练习步骤为某广告公司建立网站，取名为 MyCompany，并为站点 MyCompany 设计首页(作业相关素材如下)，如图 6-26 所示。

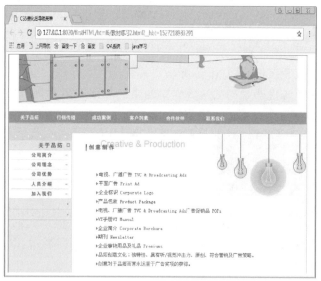

图 6-26　建立网站素材

HTML 中框架的应用

 课程目标

▶ 掌握各种不同框架的使用方法

▶ 掌握框架中各种标签的使用方法

▶ 了解 embed 标签的用法

 **简 介**

框架有利于保持整个网站外观和风格的一致性，把框架应用到页面布局中，能够大大提升我们网站设计的效率。本单元，我们就重点来学习框架的基本使用。

7.1 框架的简单应用

在浏览网页时，我们经常会遇到这样一种导航结构，就是位于左边的超级链接被单击以后，链接的页面会出现在页面右边；在上边单击链接以后，指向的目标页面出现在下边。要做出这样的效果就必须使用框架，框架的使用大大提高了我们开发网页的效率，降低了工作量。本单元我们就重点来介绍如何使用框架来布局网页。

7.1.1 框架简介

框架将每个浏览器窗口分为多个独立的区域，每个区域(框架)显示一个单独的可滚动页面，每个框架都是浏览器窗口内的一个独立窗口。典型的框架页面如图 7-1 所示，这是小米手机官网首页。该网页由 3 个框架组成，每个框架单独显示一张网页。顶部框架用于显示横幅广告，对应于页面 top.html；左侧框架放置商品类别列表，用于页面导航，对应于页面 left.html；右侧窗口用于显示产品的具体信息，对应于页面 main.html。为了方便浏览，当浏览者单击左侧商品列表的超链接时，右侧窗口则显示相应的商品信息。

图 7-1　网页中的多个框架页面

7.1.2 框架的用法

一个网页可以有一个或多个框架。框架的一些用法如下。
(1) 在网页的一个固定部分显示 Logo 或静态信息。

(2) 左侧框架显示目录，右侧框架显示内容，用户只需要单击左侧窗口的目录，在右侧窗口中就会显示相应内容，如网上在线学习教程、产品介绍等。

(3) 多视图允许设计人员在滚动或操纵网页上的其他内容时使某些信息静止不动。

遗憾的是，不是所有的浏览器都支持框架，并且如果浏览器窗口被划分为过多的子窗口，还会影响网页的整体美观，所以，有时为了方便我们也可以使用表格来布局。

7.1.3　垂直框架

框架按照方向分为垂直框架、水平框架。通过这种布局方式，使得每个页面都更加清晰、有层次感。我们可以使用框架结构标签(<frameset>)来将窗口分割为框架，每个frameset定义了一系列行或列，rows定义了每行在整个窗口中所占面积，columns定义了每列在整个窗口中所占面积。框架标签(<frame>)定义了放在每个框架中的HTML文件，src属性定义了HTML文件的访问路径。下面我们把整个窗口垂直分割为三部分，包含3个HTML文件，分别为frame_1.html、frame_2.html、frame_3.html，其代码如下，效果显示如图7-2所示。

index.html 代码如下：

```
<html>
<head>
<meta charset="UTF-8">
<title>垂直框架</title>
    <frameset cols="25%,40%,35%">
        <frame src="frame_1.html" />
        <frame src="frame_2.html" />
        <frame src="frame_3.html" />
    </frameset>
</head>
</html>
```

frame_1.html 代码如下：

```
<html>
<head>
<meta charset="UTF-8">
<title>左侧框架</title>
    <style type="text/css">
        body{background: cornflowerblue;}
        h1 {padding: 50% 50%;}
    </style>
</head>
<body>
        <h1>左侧框架</h1>
</body>
</html>
```

frame_2.html 代码如下：

```
<html>
<head>
```

```
<meta charset="UTF-8">
<title>主体框架</title>
  <style type="text/css">
    body{background: darkslateblue;}
    h1{padding: 50% 50%;}
  </style>
</head>
<body>
    <h1>主体框架</h1>
</body>
</html>
```

frame_3.html 代码如下：

```
<html>
<head>
<meta charset="UTF-8">
<title>右侧框架</title>
  <style type="text/css">
    body{background: dodgerblue;}
    h1{padding: 50% 50%;}
  </style>
</head>
<body>
    <h1>右侧框架</h1>
</body>
</html>
```

图 7-2　垂直框架

 注意

最好不要将<body>标签和<frameset>标签同时使用，但如果<frameset>标签中包含<noframe>标签，并且该标签中包含一段文本，那么就必须将该段文本包含在 body 标签中。

7.1.4　水平框架

大家上网浏览网页时，一般都是从上到下这样一个顺序来浏览，水平框架在使用过程中更加广泛。同样我们仍然把一个窗口从上到下分割为三部分，也同样包含 3 个 HTML 文件，分别是 frame_1.html、frame_2.html、frame_3.html，代码如下。
index.html 代码如下：

```
<html>
<head>
<meta charset="UTF-8">
<title>水平框架</title>
  <frameset rows="25%,45%,30%">
    <frame src="frame_1.html" />
    <frame src="frame_2.html" />
    <frame src="frame_3.html" />
  </frameset>
```

```
</head>
</html>
```

frame_1.html 代码如下：

```
<html>
<head>
<meta charset="UTF-8">
<title>左侧框架</title>
  <style type="text/css">
      body{background: cornflowerblue;}
  </style>
</head>
<body>
    <h1>顶部框架</h1>
</body>
</html>
```

图 7-3   水平框架

frame_2.html 和 frame_3.html 代码同
frame_1 代码，其效果如图 7-3 所示。

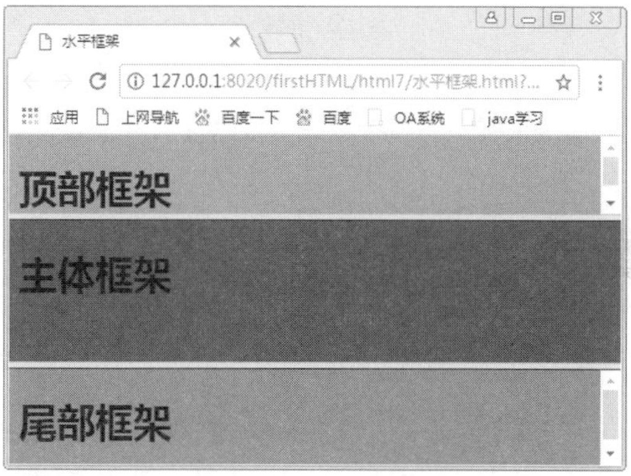

7.1.5   混合框架

在实际的设计过程中，不会都是一些自上而下或自左至右的那种等分隔框架，通常我
们会把水平框架以及垂直框架混合使用，这也就是混合框架。一般网页设计过程中，混合
框架的布局使用非常多。首先我们将窗口水平分割为两个部分，上面一部分我们嵌入
frame_1.html 文档；然后我们再把下面一部分垂直分割为两个部分，分别包含 frame_2.html
和 frame_3.html 文档，代码如下。

index.html 代码如下：

```
<html>
<head>
<meta charset="UTF-8">
<title>混合框架</title>
<frameset rows="30%,70%">
<frame src="frame_1.html" />
<frameset cols="40%,60%">
<frame src="frame_2.html" />
<frame src="frame_3.html" />
</frameset>
</frameset>
</head>
</html>
```

图 7-4   混合框架

frame_2.html 和 frame_3.html 代码同
frame_1 代码，其效果如图 7-4 所示。

7.2　框架属性设置

7.2.1　边框颜色设置

在使用框架过程中，需要对每个部分有一个显著的区别，使用颜色来区分，无疑会非常节省时间和精力，我们使用 bordercolor 来设置边框的颜色。下面我们来看看边框颜色属性的使用，其代码如下。

index.html 代码如下：

```
<html>
<head>
<meta charset="UTF-8">
<title>混合框架边框颜色</title>
<frameset rows="30%,70%"　bordercolor="red">
<frame src="frame_1.html" />
<frameset cols="40%,60%"　bordercolor="red">
<frame src="frame_2.html" />
<frame src="frame_3.html" />
</frameset>
</frameset>
</head>
</html>
```

其效果如图 7-5 所示。

7.2.2　框架上下边距和左右边距

marginheight 属性规定框架内容与框架上方和下方之间的高度，使用像素作为计算单位；marginwidth 属性规定边框内容与边框的左侧和右侧的高度，也是使用像素作为计算单位。其代码如下。

index.html 代码如下。

图 7-5　边框颜色设置

```
<html>
<head>
<meta charset="UTF-8">
<title>混合框架</title>
<frameset rows="30%,70%"　bordercolor="red">
<frame src="frame_1.html"　marginwidth="300px"　marginheight="30px"/>
<frameset cols="40%,60%"　bordercolor="red">
<frame src="frame_2.html"　marginwidth="100px"　marginheight="100px"/>
<frame src="frame_3.html"　marginwidth="50px"　marginheight="50px"/>
</frameset>
</frameset>
```

```
</head>
</html>
```

其效果如图 7-6 所示。

图 7-6　框架上下左右边距设置

7.2.3　框架间空白区域设置

当我们在设计框架时，如果设置框架的边框 border="0"时，大家会发现两个框架看起来就像一个框架一样。就这种效果而言，我们使用框架间空白区域 framespacing 来进行设置，也可以很好地进行区分，framespacing 表示框架与框架间保留的空白区域距离，其代码如下。

index.html 代码如下：

```
<html>
<head>
<meta charset="UTF-8">
<title>混合框架中空白区域设置</title>
<frameset rows="30%,70%" bordercolor="red" framespacing="20px">
<frame src="frame_1.html" marginwidth="300px" marginheight="30px" />
<frameset cols="40%,60%" bordercolor=
    "red" framespacing="40px">
<frame src="frame_2.html" marginwidth=
    "100px" marginheight="100px" />
<frame src="frame_3.html" marginwidth=
    "50px" marginheight="50px" />
</frameset>
</frameset>
</head>
</html>
```

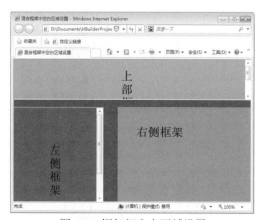

其效果如图 7-7 所示。

图 7-7　框架间空白区域设置

7.2.4 框架滚动条显示

在框架中，滚动条的出现给页面呈现了一个很好的布局方式，因为窗口大小的因素，如果我们的内容很大，就可能会出现内容的丢失情况，滚动条可以包含更多的内容，我们可以使用scrolling属性来定义在框架中是否显示滚动条，其语法格式如下。

```
<frame   scrolling="value">
```

scrolling的值有3种，属性如表7-1所示。

表7-1　scrolling属性值表

值	描　　述
auto	在需要的时候显示滚动条(默认值)
Yes	始终显示滚动条(即使不需要显示，也会显示滚动条)
No	从来不显示滚动条(即使需要显示，也不会显示)

其代码如下。

index.html 代码：

```
<html>
<head>
<meta charset="UTF-8">
<title>混合框架中滚动条设置</title>
<frameset rows="30%,70%" >
<frame src="frame_1.html" scrolling="no"/>
<frameset cols="40%,60%">
<frame src="frame_2.html" scrolling="yes"/>
<frame src="frame_3.html" scrolling="auto"/>
</frameset>
</frameset>
</head>
</html>
```

图 7-8　框架滚动条设置

其效果如图 7-8 所示。

7.3　框架的高级应用

7.3.1 导航框架

水平框架和垂直框架都是最基本的网页布局形式，有时候当我们单击左侧导航栏时，在它的右侧部分会显示出详细的信息介绍，这就是导航框架，导航框架的使用更加方便我们的阅读，其代码如下。

index.html 代码：

```
<html>
<head>
<meta charset="UTF-8">
<title>导航框架</title>
  <frameset cols="150,*">
    <frame src="container_list.html" />
    <frame src="frame_1.html" name="frame_list" />
  </frameset>
</head>
</html>
```

container_list.html 导航列表代码：

```
<html>
<head>
<meta charset="UTF-8">
<title>菜单链接列表</title>
</head>
<body>
    <a href="frame_1.html" target="frame_list">frame_1 框架</a><br />
    <a href="frame_2.html" target="frame_list">frame_2 框架</a><br />
    <a href="frame_3.html" target="frame_list">frame_3 框架</a><br />
</body>
</html>
```

其效果如图 7-9 所示。

我们可以看到，将整个窗口分割为两个部分，一个部分包含导航链接，另一个部分用来展示这些链接的详细内容。把链接展示到指定的地方，我们需要使用 target 属性，把链接部分的 target 属性值和 frame 标签中的 name 属性值设为一致，这样，导航链接才能准确地显示到右侧部分。

图 7-9　导航框架

7.3.2　内联框架

由于<frameset>标签和<frame>标签对网页可用性的负面影响，HTML5 中没有支持这两个标签，使用内联框架(<iframe>)，也可以实现这种布局。在后面的网页设计中，建议使用 iframe 标签来设计布局方式，通过使用这种类型的框架，可以在同一个页面中显示多个页面，每个 HTML 文件都是一个独立于其他的框架。

其语法格式为：

```
<iframe   src="URL"   width="xx"   height="xx"   frameborder="xx"></iframe>
```

其中 src 属性值表示指向隔离页面的位置；width 用于定义 iframe 框架的宽度，height 用于定义 iframe 框架的高度，宽度和高度的值可以用像素来定义，也可以通过百分比来设定(比如"30%");frameborder 属性表示是否在 iframe 框架周围显示边框,当 frameborder 的值为 0 时表示去除边框,当值为 1 时则表示显示边框。

代码如下:

```
<html>
<head>
<meta charset="UTF-8">
<title>使用 iframe 作为链接目标</title>
</head>
<body>
    <iframe src="iframe_3.html" frameborder="1" name="pku" height="800px" width="800px"></iframe>
    <br/>
    <a href="http://www.pku.edu.cn"    target="pku">中国育才摇篮_北京大学</a>
</body>
</html>
```

显示效果如图 7-10 所示。

单击页面左下方"中国育才摇篮_北京大学",显示效果如图 7-11 所示。

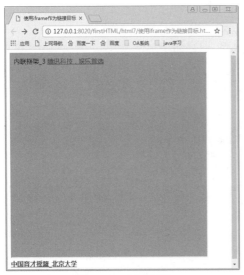

图 7-10   内联框架

图 7-11   链接内容显示到指定内联框架中

本例中,在 a 标签下使用属性 target 表示链接所要显示的位置,当 iframe 内联框架中属性 name 的值和 a 标签下 target 属性值相同时,则 a 标签所链接的内容就会显示在这个 iframe 内联框架中。

7.3.3   多层嵌套内联

网页中包含一个主网页,主网页中又嵌套另一个网页,这样一层一层嵌套下去形成多层嵌套内联,一般很少使用这类嵌套,大家后面会了解更多的布局方式,这里就简单介绍一下,一共包含 4 个 HTML 文件,分别是 index.html、iframe_1.html、iframe_2.html、iframe_3.html,其代码如下,效果显示如图 7-12 所示。

index.html 代码：

```
<html>
<head>
<meta charset="UTF-8">
<title>内联框架</title>
</head>
    主界面
    <a href="http://www.taobao.com" target="iframe_i" >淘宝商城,应有尽有</a>
    <br />
    <iframe src="iframe_1.html" name="iframe_i" frameborder="1" width="800px" height="800px">
    </iframe>
</html>
```

iframe_1.html 代码：

```
<html>
<head>
<meta charset="UTF-8">
<title>内联框架_1</title>
</head>
<body bgcolor="gray">
    内联框架_1
    <a href="http://www.baidu.com" target="baidu">百度一下，便知天下</a>
    <br />
    <iframe src="iframe_2.html" frameborder="0" width="600px" height="600px" name="baidu">
    </iframe>
</body>
</html>
```

iframe_2.html 代码：

```
<html>
<head>
<meta charset="UTF-8">
<title>内联框架_2</title>
</head>
<body bgcolor="#5F9EA0">
    内联框架_2
    <a href="http://www.jd.com" target="jd">京东购物，假货没有</a><br />
    <iframe src="iframe_3.html" frameborder="0" width="400px" height="400px" name="jd">
    </iframe>
</body>
</html>
```

iframe_3.html 代码：

```
<html>
<head>
<meta charset="UTF-8">
<title>内联框架_3</title>
</head>
<body bgcolor="hotpink">
```

```
        内联框架_3
        <a href="http://www.qq.com"  target="_blank">腾讯科技，娱乐首选</a>
</body>
</html>
```

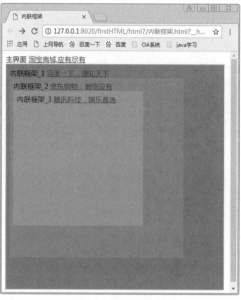

图 7-12   多层嵌套

7.3.4   embed 标签

  <embed>标签是 HTML5 中新增的标签，用于定义嵌入的内容，可以在页面中嵌入任何类型的文档。一般常用该标签插入 MP3 音乐、电影、swf 动画等各种多媒体格式的文件，同时，embed 标签也可以嵌入 HTML 文件，只需要我们把类型定义好即可。这里我们使用 embed 标签来代替 iframe 标签，同样是多级嵌套，在此只改变 index.html 文件，其他文件不做改动，代码如下。

  index.html 代码：

```
<html>
<head>
<meta charset="UTF-8">
<title>embed 标签使用</title>
</head>
<body>
    <a href="http://www.taobao.com" target="embed">淘宝购物，应有尽有</a>
    <br />
    <embed  type="text/html"  name="embed"  src="iframe_1.html"  width="600px" height="600px">
    </embed>
</body>
</html>
```

  其效果显示如图 7-13 所示。

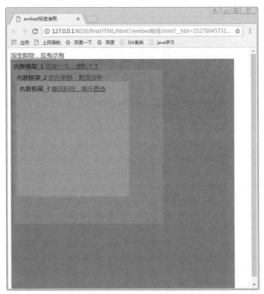

图 7-13　embed 多层嵌套

　　将图 7-13 和图 7-12 作对比，大家会发现，效果图完全一模一样，并且 embed 标签功能更加强大。

【单元小结】

- 框架将 Web 浏览器窗口分割为多个独立的区域，每个区域显示一个可独立滚动的页面。
- 框架根据布局方式不同，分为垂直框架、水平框架、导航框架、内联框架。
- embed 标签功能强大，可以插入各种多媒体文件，还可以嵌套 HTML 文件。

【单元自测】

1. 定义上下分割的框架的大小的是(　　)。
   A. rows
   B. cols
   C. widths
   D. heights
2. 下面关于 iframe 标记的使用格式的说法错误的是(　　)。
   A. 源参数设置文件的路径，既可以是 HTML 文件，也可以是文本等其他文件
   B. 宽度、高度参数设置内联框架的宽与高
   C. 滚动参数设置为当源的指定 HTML 文件在指定的区域不能完全显示时，当设置为否时，则不会出现滚动条；当设置为自动，则会自动出现滚动条；当设置为是时，则显示滚动条
   D. 边框宽度参数设置内联框架的边框宽度，为了与相邻内容相融合，设置值越大越好

3. 在 HTML 中，<frame noresize>的具体含义是下列哪一项？(　　)

    A. 个别框架名称　　　　　　B. 定义个别框架

    C. 不可改变大小　　　　　　D. 无滚动条出现

4. 如果把一个链接文件准确定位到一个框架中，需要使用哪些属性？(　　)

    A. frameborder　　　　　　B. target

    C. name　　　　　　　　　　D. scrolling

【上机实战】

上机目标

- 使用框架

上机练习

◆ 第一阶段 ◆

练习：框架的使用

【问题描述】

练习制作框架网页 frame.html，效果如图 7-14 所示。单击左边窗口中的链接，将在右边窗口中显示链接内容。左边窗口中的链接依次链接到上几次阶段练习的网页：index.html、success.html、contact.html 和 register.html。

图 7-14　frame 页面浏览

【问题分析】

根据本章对框架的学习创建一个框架集网页。

 注意

在开发工具中，选择"文件"|"保存全部"命令将框架逐个保存。假设整体框架为 frame.html，顶部框架为 top.html，左边框架为 left.html，右边框架为 right.html。

在顶部框架和左边框架中依次加入如图 7-14 所示的文本内容。

分别为左边框架的导航文字加上链接，并分别链接到 index.html、success.html、contact.html 和 register.html。注意其链接目标的设置。

【拓展作业】

1. 通过框架创建一个页面 product.html，并将其编辑成如图 7-15 所示效果。

图 7-15　product 页面浏览

2. 通过框架创建第二个页面 creative.html，并在此页面内添加注册表单，如图 7-16 所示。

3. 通过框架创建第三个页面 creative.html，并添加相应文本信息，如图 7-17 所示。

4. 分别给网站内每个页面对应的导航栏添加链接，使每个页面之间能相互跳转。链接如下："关于品拓"链接到"company.html"，"成功案例"链接到"product.html"，"行销传播"链接到"creative.html"，"联系我们"链接到"contact.html"，"HOME"链接到"index.html"。

图 7-16　contact 页面浏览

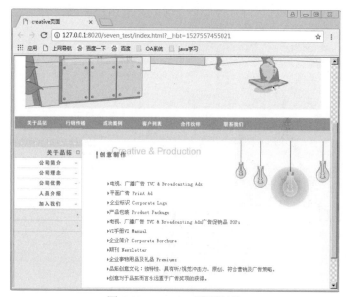

图 7-17　creative 页面浏览

单元 **八**

应用 DIV+CSS 设计
商业网站(PC 端)

 **课程目标**

▶ 了解网站开发流程

▶ 掌握网站开发的实际方法

▶ 掌握如何使用 DIV 和样式表布局

 **简 介**

在前面的课程中，我们系统地学习了如何制作网页，这些知识足以使我们制作出一个出色的、漂亮的、绝对有吸引力的网页。

那么，请思考这样一个问题：我们接到客户的一个订单，需要制作一个购物网站，使用户能够方便地通过互联网进行购物。当然，就目前我们所学的知识，对于网站中与用户交互需要用程序实现的这一部分我们现在还无法实现，但网页的样式、布局等，以我们现在的知识是完全可以实现的。那么，我们该如何实现这个购物网站？

我想，大家更多的是觉得无从下手。是不是已经想到了很多，但是不知道怎么才能将这些想到的内容组织并结合在一起，形成一个可供人使用的购物系统？没有关系，接下来将给大家讲解，如何将我们想到的变成实际能够实现的商业网站。

8.1　商业网站开发流程

8.1.1　结构分析

首先拿到一个商业网站，我们需要对页面结构进行分析。根据效果图，分析页面，将页面分为几个版块，该怎么布局更合理。图 8-1 是一个商业网站的主页，由于版面的原因，在此，我们只呈现大部分内容，另有主体部分中的"优选推荐"和"下装推荐"这两部分尚未展示，但在后面我们会把这两部分也做出来，呈现给大家。这个网站主页简洁美观，相信大家也很想做出这么漂亮的商业网站，能够利于大家的生活或者工作，快速提升人们的生活质量。这个商业网站的效果图及在网页中显示的样式如图 8-1 和图 8-2 所示。

从图 8-1 中可以看出整个页面分为头部区域、主体部分和底部三大部分，其中头部又分为顶部信息注册部分、搜索区域、导航栏三个部分，主体部分分为轮播图(后面会学习到)、广告和内容三部分，其中内容部分包含秒杀、优客 T 恤、新品推荐、优选推荐、下装推荐、更多推荐以及底部共七个部分，整个页面居中显示。对商业网站的整体布局方式了解清楚了，那么接下来整个框架就非常容易搭建了，整体框架如图 8-3 所示。

图 8-1　网站部分效果图

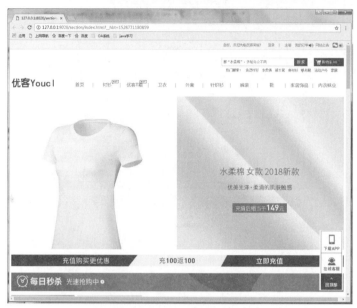

图 8-2　网页中的显示样式

顶部信息注册 class="headtoparea"	头部三部分： Class="vanclhead"	头部
搜索栏 class="vanclsearch"		
导航栏 class="navlist"		
轮播图 class="vanclimg"	内容 class="miaosha"	主　体 class="content"
广告 class="getguanggao"		
秒杀 class="miaosha_contoiner"		
T恤 class="miaosha_contoiner"		
新品推荐 class="miaosha_contoiner"		
优选推荐 class="tc"		
下装推荐 class="tc"		
更多推荐 class="tc"		
底部 class="vanclFoot"		
底部 class="footerArea"		底部

图 8-3　页面整体框架

8.1.2　搭建框架

首先在工具里新建一个 html 文件，文件命名为 index.html，并把<title>标签设为主页。强调一点：在写网页的过程中，大家喜欢把第一行代码删除掉，认为没用，其实这句话的作用很大，它声明了文档的解析类型，避免浏览器出现怪异模式，如果删除可能会在不同的浏览器中显示不同的样式。

```
<!DOCTYPE html>
<head>
<meta charset="utf-8" />
```

```
<title>主页</title>
</head>
<body>
</body>
</html>
```

然后就是依次插入标签。在此处，我们使用 HTML 中的新标签 header、section、footer 分别代表头部、主体、尾部三个部分，这三个标签的功能和 div 功能是一样的，在此处这样设置是为了方便为 HTML 代码设置样式，代码如下。

```
<header class="vanclhead">
    <div class="headtoparea">此处显示 class "headtoparea"的内容</div>
    <div class="vanclsearch">此处显示 class "vanclsearch"的内容</div>
    <div class="navlist">此处显示 class "navlist"的内容</div>
</header>
<section class="content">
    <div class="vanclimg">此处显示 class "vanclimg"的内容</div>
    <div class="getguanggao">此处显示 class "getguanggao"的内容</div>
    <div class="miaosha">
    <div class="miaosha_contoiner">此处显示 class "miaosha_contoiner"的内容</div>
    <div class="miaosha_contoiner">此处显示 class "miaosha_contoiner"的内容</div>
    <div class="miaosha_contoiner">此处显示 class "miaosha_contoiner"的内容</div>
    <div class="tc">此处显示 class "tc"的内容</div>
    <div class="tc">此处显示 class "tc"的内容</div>
    <div class="tc">此处显示 class "tc"的内容</div>
    <div class="vanclFoot">此处显示 class "vanclFoot"的内容</div>
    </div>
</section>
<footer><div class="footerArea">此处显示 class "footerArea"的内容</div></footer>
```

从前面的效果图分析得知，整个网页是居中于浏览器显示的，按照这样的写法需要把 header、content、footer 都设置宽度并居中。这样做起来很麻烦，为了方便，在这些标签外增加一个父标签，设置这个父标签的宽度并居中后，所有的标签就都居中了。增加后的代码如下。

```
<div id="container">
<div id="header">此处显示 id "header" 的内容</div>
<header class="vanclhead">
    <div class="headtoparea">此处显示 class "headtoparea"的内容</div>
    <div class="vanclsearch">此处显示 class "vanclsearch"的内容</div>
    <div class="navlist">此处显示 class "navlist"的内容</div>
</header>
<section class="content">
    <div class="vanclimg">此处显示 class "vanclimg"的内容</div>
    <div class="getguanggao">此处显示 class "getguanggao"的内容</div>
    <div class="miaosha">
    <div class="miaosha_contoiner">此处显示 class "miaosha_contoiner"的内容</div>
    <div class="miaosha_contoiner">此处显示 class "miaosha_contoiner"的内容</div>
    <div class="miaosha_contoiner">此处显示 class "miaosha_contoiner"的内容</div>
    <div class="tc">此处显示 class "tc"的内容</div>
    <div class="tc">此处显示 class "tc"的内容</div>
    <div class="tc">此处显示 class "tc"的内容</div>
    <div class="vanclFoot">此处显示 class "vanclFoot"的内容</div>
    </div>
```

```
</section>
<footer><div class="footerArea">此处显示 class "footerArea"的内容</div></footer>
</div>
```

HTML 框架代码写完后，然后就需要设置 CSS 的样式表。先测量效果图的整体宽度，然后将 container 也设置为这个宽度并居中。可以通过多种方法测量效果图的整体宽度：可以直接查看图片尺寸；如果需测量其中某一块的宽度，可以使用测量软件，如使用 Photoshop 测量。最简单的方法就是使用 QQ 软件快捷键 Ctrl+Alt+A 这种截图工具来测量，选中要测量的部分后，大家就可以很直观地看到选中区域的宽度和高度了。

测量后得知：整体宽度为 1200px，把这个最重要的宽度测量后，就可以通过写 CSS 代码文件进行布局了。一般大家做商业网站的时候，可能会涉及多个网页，这些网站的布局方式很多地方可能会有共同性。为了增加代码的复用性，减少工作量，我们可以把 CSS 代码单独写在一个文件中，当其他页面也需要这种样式来布局时，我们就可以把这个 CSS 文件直接通过外部样式表的方式引用到 HTML 文件中。下面我们就单独在 CSS 文件夹下新建一个 CSS 文件，在这里命名为 layout.css 即可。

保存后先设置全局样式，然后再写每一块单独的样式，全局样式代码如下。

```
body,div,dl,dt,dd,ul,ol,li,h1,h2,h3,h4,h5,h6,form,fieldset,legend,input,textarea,p,th,td,html,a,ul,li,ol,
section,header,footer,nav {margin: 0;padding: 0;}
a{text-decoration: none;color: #333;}
ul li,ol li {list-style-type: none;}
input {font-family: inherit;font-size: inherit;font-weight: inherit;}
html,body {width: 100%;height: 100%;font-size: 12px;font-family: "宋体";color: #333;
background: #fff;display: block;}
.fr {float: right;}
.fl {float: left;}
.pr {position: relative;}
.pa {position: absolute;}
.clear {clear: both;}
```

全局样式定义完后，再定义各版块的样式，先设置.container 的样式，如下所示。

```
.containter {width: 100%;height: 100%;}
```

预览 index.html 页面，发现并没有改变。这是为什么呢？因为刚才定义的样式表没有与 html 文件关联，所以设置的样式当然不能对它生效了。我们前边讲过将 CSS 应用于网页的几种方式，这里，为了方便使用，我们使用外部样式，只需要在 HTML 头部添加代码

```
<link rel="stylesheet" type="text/css" href=css/index.css>
```

即可。保存，预览一下，发现 index.html 文件的样式发生了变化，这时，就说明样式和文件关联好了。通过这种引用方式，可以增加 CSS 样式表的复用性，其他页面也需要这种样式的话，也可以直接引用。下面设置一下每个大板块的样式，设置了宽度和高度，代码如下。

```
/*body*/
#container { width：100%; height：100%}

/*header*/
.vanclhead {width: 100%;height: auto;}
```

```
/*content*/
.content {width: 1200px;margin: auto;}

/*footer*/
.footBottom {width: 100%;height: auto;margin: 0px auto;border-top: 1px solid #3e3a39;}
.subFooter {width: 980px;margin: 0px auto 25px;text-align: center;}
```

在设计网页过程中，通常会涉及浮动的问题，为了使整个页面不出现问题，建议在
header、content、footer 之间增加如下一行代码并设置 css 样式如下，它的作用是清除浮动。

```html
<div class="clearfloat"></div>
.clearfloat {clear:both;height:0;font-size: 1px;line-height: 0px;}
<html>
<head>
<meta charser="utf-8"/>
<title>主页</title>
<link href="css/index.css" rel="stylesheet" type="text/css" />
</head>
<body>
<div id="container">
<header class="vanclhead">
    <div class="headtoparea">此处显示 class "headtoparea"的内容</div>
    <div class="vanclsearch">此处显示 class "vanclsearch"的内容</div>
    <div class="navlist">此处显示 class "navlist"的内容</div>
</header>
<div class="clearfloat"></div>
<section class="content">
    <div class="vanclimg">此处显示 class "vanclimg"的内容</div>
    <div class="getguanggao">此处显示 class "getguanggao"的内容</div>
    <div class="miaosha">
      <div class="miaosha_contoiner">此处显示 class "miaosha_contoiner"的内容</div>
      <div class="miaosha_contoiner">此处显示 class "miaosha_contoiner"的内容</div>
      <div class="miaosha_contoiner">此处显示 class "miaosha_contoiner"的内容</div>
      <div class="tc">此处显示 class "tc"的内容</div>
      <div class="tc">此处显示 class "tc"的内容</div>
      <div class="tc">此处显示 class "tc"的内容</div>
      <div class="vanclFoot">此处显示 class "vanclFoot"的内容</div>
    </div>
</section>
<div class="clearfloat"></div>
<footer><div class="footerArea">此处显示 class "footerArea"的内容</div></footer>
</div>
</body>
</html>
```

8.2　商业网站页面布局

8.2.1　头部及其导航

有了上面的基础，下面的任务就是利用 HTML 和 CSS 制作一个完整的网站。先从头

部开始，在 8.1.2 小节我们已经把整体框架搭建好了，就像盖房子一样，整体结构已经出来了，下面就需要分割空间了。先分析一下头部：头部分为三个部分，一个是顶部信息登录注册部分，靠右侧显示；一个是搜索栏部分，也靠右侧显示；还有一个是导航栏部分，居中显示。因此，布局时需插入三个 div，两个在右侧显示，一个通栏居中显示。另外还有很多种实现方法，如 logo 用 h1 标签，搜索用 span，或者把 logo 作为背景图片也是可以的。不管采用哪种方法，要根据页面的需求选用一种最合理的方法。如果要给 logo 加上链接的话，那么就不能用背景图片的方法了。

```html
<header class="vanclhead">
<div class="headtoparea">此处显示 class "headtoparea" 的内容</div>
<div class="vanclsearch">此处显示 class "vanclsearch" 的内容</div>
<div class="navlist">此处显示 class "navlist" 的内容</div>
</header>
```

先在 header 里插入以上三个块元素，然后分别插入相应的内容，在顶部登录注册信息中，有我们保存好的图片，使用 div 布局，中间使用 span 行内标签，把内容添加进去，插入后代码如下所示。

```html
<div class="headtop">
<div class="headerTopRight" style="width: 126px;">
<div class="active">
<a class="mapDropTitle" style="color: #808080;">网站公告</a>
</div>
<div class="payattention"><em></em>
<a class="vweixinbox">
<span class="vweixin" style="background: url(img/w1.jpg) no-repeat left 3px;"></span>
</a>
<a class="track vanclweibo" style="background: url(img/w2.jpg) no-repeat left 3px;"></a>
</div>
</div>
<div class="headerTopLeft">
<div class="top loginArea">
您好,
<span class="top">欢迎光临优客商城!  </span>
<span><a   class="top track">登录</a> | 
<a class="track">注册</a>
</span>
</div>
<div class="recommendArea">
<a class="track"> 我的订单</a>
</div>
</div>
</div>
```

搜索栏代码:

```html
<div class="searcharea fr">
<div class="searchTab">
<div class="search fl">
<input type="text" class="searchText fl" placeholder="搜"水柔棉"，体验与众不同" defaultkey="水柔棉"
    autocomplete="off">
<input type="button" class="searchBtn" onfocus="this.blur()">
</div>
```

```
<div class="gowuche fr pl">
<a>购物车(0)</a>
</div>
</div>
<div class="hotword">
<p>
热门搜索:
<a href="#">免烫衬衫</a>
<a href="#">水柔棉</a>
<a href="#">熊本熊</a>
<a href="#">麻衬衫</a>
<a href="#">帆布鞋</a>
<a href="#">运动户外</a>
<a href="#">家居</a>
</p>
</div>
</div>
```

导航栏代码:

```
<ul>
<li class="vancllogo_Con pa">
<a href="#"></a>
</li>
<li>
<a href="#">首页</a><span class="NavLine"></span>
</li>
<li>
<a href="#">衬衫
<div class="hover">
<ol>
<li>免烫</li>
<li>易打理</li>
<li>休闲</li>
<li>高支</li>
<li>法兰绒</li>
<li>牛津纺</li>
<li>青年布</li>
<li>牛仔</li>
<li>麻</li>
<li>水洗棉</li>
<li>泡泡纱</li>
</ol>
</div>
</a><em style="display:block;width:25px; height:13px; background:url(img/icon_hot.png) no-repeat scroll;
position:absolute;left:67px;top:-5px;"></em><span class="NavLine"></span>
</li>
<li>
<a href="#">优客 T 袖
<div class="hover">
<ol>
<li>水柔棉</li>
<li>熊本熊 T 恤</li>
<li>POLO 衫</li>
<li>字系列</li>
<li>复刻系列</li>
```

```
<li>顾湘</li>
<li>山鸟叔</li>
<li>神奇动物</li>
<li>脏画</li>
<li>小宇宙</li>
<li>电影台词</li>
<li>科学怪人</li>
<li>小王子</li>
<li>宇航</li>
<li>汪</li>
<li>学霸</li>
<li>运动 T 恤</li>
</ol>
</div>
</a><emstyle="display:block;width:25px;height:13px;background:url(img/icon_hot.png)
no-repeatscroll;position:absolute;left:67px;top:-5px;"></em><span class="NavLine"></span></li>
<li>
<a href="#">卫衣
<div class="hover">
<ol>
<li>熊本熊</li>
<li>开衫</li>
<li>连帽</li>
<li>圆领</li>
<li>水柔棉</li>
</ol>
</div>
</a><span class="NavLine"></span></li>
<li>
<a href="#">外套
<div class="hover">
<ol>
  <li>运动户外</li>
<li>皮肤衣</li>
<li>西服</li>
<li>C9 设计款</li>
<li>夹克</li>
<li>nautilus</li>
<li>大衣</li>
<li>羽绒服</li>
</ol>
</div>
</a><span class="NavLine"></span></li>
<li>
<a href="#">针织衫
<div class="hover">
<ol>
<li>空调衫</li>
<li>棉线衫</li>
<li>羊毛衫</li>
</ol>
</div>
</a><span class="NavLine"></span></li>
<li>
<a href="#">裤装
<div class="hover">
```

```
<ol>
<li>沙滩裤</li>
<li>针织裤</li>
<li>休闲裤</li>
<li>牛仔裤</li>
</ol>
</div>
</a><span class="NavLine"></span></li>
<li>
<a href="#">鞋
<div class="hover">
<ol>
<li>运动潮鞋</li>
<li>复古跑鞋</li>
<li>帆布鞋</li>
<li>休闲鞋</li>
</ol>
</div>
</a><span class="NavLine"></span></li>
<li>
<a href="#">家居饰品
<div class="hover">
<ol>
<li>床品套件</li>
<li>被子</li>
<li>枕</li>
<li>家居鞋</li>
<li>背提包</li>
<li>拉杆箱</li>
<li>皮带钱包</li>
<li>帽子</li>
</ol>
</div>
</a><span class="NavLine"></span></li>
<li>
<a href="#">内衣袜业
<div class="hover">
<ol>
<li>船袜</li>
<li>中筒袜</li>
<li>连裤袜</li>
<li>内衣袜</li>
<li>围巾披肩</li>
<li>童装</li>
</ol>
</div>
</a>
</li>
</ul>
```

接下来定义CSS，经过测量，头部注册登录部分是通栏显示，所以这里宽度我们是按照100%来设计的，测量后高度是32px，底部边框颜色设为#ccc，更加明显一些，背景颜色是#f7f7f7，下面在CSS里把这些参数都给定义上，看显示的效果和效果图中的效果是不是一样的。

```
.headtoparea {width: 100%;height: 32px;border-bottom: 1px solid #ccc;color: #808080;background:
#f7f7f7;}
```

预览时用户会发现，和效果图对比位置有些颠倒，而且也不是居右边显示，所以，下面我们不但要设置它们的位置和字体样式，而且还要设置显示方式。代码如下：

```
.headerTopRight {float: right;position: relative;}
.headtop{width:1200px;height:31px;line-height:32px;margin:0 auto;_overflow:hidden;background:#f7f7f7;}
.active {width: 70px;height: 18px;line-height: 18px;margin: 7px 0px 0 0px;float: left;display: inline;
position: relative;z-index: 1000;cursor: pointer;color: #808080 !important;}
.mapDropTitle {background: url(../img/notice.png) no-repeat scroll 0px 0px;width:55px;padding-left: 26px;
text-align: left;background-position: 0px 0px;display: block;}
.payattention {float: right;}
.vweixinbox {position: relative;}
.vweixin {float: left;margin-left: 10px;display: inline;cursor: pointer;height: 21px;width: 20px;
margin-top: 4px;}
.vanclweibo {float: left;margin-top: 4px;background-position: -48px -23px;width: 20px;height: 25px;}
.headerTopLeft {min-width: 240px;_width: auto!important;_width: 280px;float: right;}
.recommendArea {margin: 0px 0 0 13px;float: left;display: inline;}
.loginArea {float: left;}
.track{color: #808080;}
```

我们把注册登录栏分为 topright 和 topleft 两个部分，都设置为 float:right，向右浮动显示，然后设置行高及宽度。

active 主要设置了宽度和高度，以及行内显示。对于 z-index 需要重点说明一下，是在定位过程中，关于元素堆叠顺序的优先问题，默认值为 0，如果为正值，则优先级较高，如果为负值，则优先级较低。cursor 属性是用来设置鼠标形状的，值为 pointer 时，则在鼠标悬停时，光标呈现手的形状。还有更多值设置，这里就不一一介绍了。其中一个颜色设置后面我们添加了一个!important 值，这是为该属性设置了优先级。如果我们前面为同一属性设置了颜色，这里也设置颜色并带上这个!important，则按照这个设置的值优先显示。

mapDropTitle 把那个喇叭形图标作为一个背景单一设置显示，和文本内容呈块状。

在设置微博图标时，可以使用 background-position:-48px -23px;来设置其位置。这个属性许多用户可能不理解是干什么用的，这个值是指图片和坐标原点的偏移量，分为 x 坐标轴和 y 坐标轴，原点位置是外层块元素的左上角，这个坐标原点不会改变。x 坐标为正则图片左上角向右平移，为负则图片左上角向左平移；y 坐标为正则图片左上角向下平移，为负则图片左上角向上平移。这里设置的是负值，则背景图片相对原点向左平移 48px，向上平移 23px。

到此，头部注册登录这一部分就完成了，预览后显示的和效果图完全一致。下面来对头部第二部分搜索栏进行样式设置，图片是居于右端显示的，但是整个显示出来的内容非常凌乱，很不规整。为了和效果图一致，CSS 代码设置如下。

```
.vanclsearch {width: 1200px;height: 62px;margin: 20px auto 25px;}
.searcharea {width: 438px;padding-top: 8px;}
.searchTab {height: 29px;}
.searchText {width: 249px;height: 27px;padding: 0px 5px;line-height: 27px;
border: 1px solid #c9caca;}
.searchBtn {width: 49px;height: 29px;border: none;cursor: pointer;
background: url(../img/vanclsprite.png) no-repeat scroll -100px 0px;}
.gowuche {width: 105px;height: 27px;border: 1px solid #c1383e;
background: url(../img/vanclsprite.png) no-repeat scroll -154px 0px;z-index: 10;}
.gowuche a {color: #ffffff;display: block;padding-left: 29px;padding-top: 6px;}
```

```
.hotword {width: 440px;padding-top: 5px;line-height: 18px;color: #727171;padding-left: 15px;}
.hotword p a {padding-left: 5px;color: #727171;}
```

通过对头部第一部分注册登录的 CSS 样式的设置，大家发现在设置搜索样式上就非常的简单了。这里只需要把它们的位置以及背景图片设置好就可以了，其中 vanclsprite.png 这张图片，它里面包含好多小的图片，需要把相应位置给设置好。比如：background:url (../img/vanclsprite.png) no-repeat scroll -100px 0px;这里我们需要的是搜索这个小图片，通过在这个大图片中测量，搜索图标距离 x 为 100 像素，距离 y 轴为 0，所以需要通过-100px 0px 来设定其位置，对于 gouwuche 的背景图片也是一样的。

头部区域第二部分搜索栏设置完毕，预览后达到效果，然后进行第三部分导航栏的设置，导航分为网站 logo 以及一级菜单和二级菜单。为了方便，直接使用 ul 列表和 ol 列表，也可以都使用 ul 列表或者都使用 ol 列表。为了易于区分以及进行 CSS 设置，我们分别使用了两个列表元素，在 ul 列表下嵌套 ol 列表。

预览后发现所有的信息都是居于左侧向下平铺显示，不能起到很好的导航作用。下面设置 CSS 样式，代码如下。

```
.navlist {width: 1000px;height: 22px;margin: 30px auto;padding-left: 200px;z-index: 300;}
.vancllogo_Con {position: absolute !important;left: 0;bottom: 0;padding: 0px !important;
background: none;text-align: left;}
.vancllogo_Con a {display: block;width: 185px !important;height: 46px !important;
background: url(../img/logo.png) no-repeat scroll;}
.navlist ul li {float: left;width: 99px;line-height: 22px ;padding: 0px 0px 10px;text-align: center;
font-size: 16px;font-family: "Microsoft YaHei";position: relative;z-index: 220;}
.navlist ul li a {color: #727171;position: relative;display: block;width: 100%;height: 22px;}
.navlist ul li a div {display: none;position: absolute;top: 22px;cursor: default;background: white;padding:
5px;}
.navlist ul li a:hover div {display: block;border-top: 5px solid firebrick;cursor: pointer;}
.navlist ul li a:hover div ol li:hover{color: firebrick;}
.NavLine {display: block;height: 16px;width: 1px;border-right: solid 1px #888;position: absolute;right: 1px;
top: 5px;overflow: hidden;}
```

每次对一个部分进行设置时，我们首先会对这一部分的宽度和高度进行设置。为了方便后面的调试，可以在每次设置大小时，把边框加上。比如：border:1px solid red;只需要在每次设置边框时，颜色改变一下，这样就更加容易区分每个部分，在整个网站完成确认后，把边框宽度归 0 即可，不会影响整体的美观。

在导航栏一级和二级菜单问题上，单元六最后一节有详细的介绍，这里就不一一赘述了。

至此，网站第一大部分头部就完成了，预览一下效果，与效果图一模一样，这说明我们的网站没有问题。下面进行主体内容的构造。

8.2.2　主体

主体部分大家通过商业网站整体框架图可以看到，包含了九个部分，内容繁琐，不过都比较简单，每个部分间的 HTML 代码或者 CSS 样式都有很多相似的地方，有些代码就可以进行复用。这九个部分分别是轮播图部分、广告部分、秒杀部分、T 恤部分、新品推荐部分、优先推荐部分、下装推荐部分、更多推荐部分和底部部分。

首先来看一下轮播图部分，轮播图这一部分在这里就用一张图片代替一下。那么我们发现轮播图部分和广告部分都非常简单，这里就不再拆分开来，HTML 代码如下。

```html
<div class="vanclimg">
    <img src="img/lunbo.jpg" />
</div>
<div class="getguanggao">
    <img src="img/lunbo_2.jpg" />
</div>
```

只需要设置它们的宽度和高度以及位置即可，其 CSS 样式如下。

```css
.content {width: 1200px;margin: auto;}
.vanclimg {width: 1200px;height: 535px;overflow: hidden;position: relative;z-index: 5;}
.vanclimg img {width: 100%;}
.getguanggao {margin: 20px 0;}
```

可以发现只需要四行代码就可以完成主体部分中轮播图和广告两个部分的 CSS 样式修饰，关于这两个部分重要的是外边距问题，那么只要设置好外边距就可以了。

然后是每日秒杀部分，包含有一张通栏的图片以及 4 个抢购在售的图文介绍。我们选取使用 DIV+CSS 进行布局和修饰，大家可以发现，T 恤部分以及新品推荐部分的布局方式和每日秒杀部分的布局方式大致是一致的，也可以放到一起进行统一的布局。在 div 中，仍然使用 ul 列表来包含这些图片和对图片介绍的文本内容，HTML 代码如下。

```html
<!-- 秒杀部分 -->
<div class="miaosha">
<img src="img/miaosha.jpg" />
<div class="miaosha_contoiner">
<ul>
<li>
<a href="#">
<img src="img/miaosha1.jpg" />
<p class="new-miaosha-productname">优客空调衫 镂空短袖套衫 女款宝石蓝色</p>
<p class="new-miaosha-oldprice">￥288</p>
<p class="pr"><spanclass="new-miaosha-saleprice">￥126</span>
<span class="new-miaosha-afterdeposit">充值后<em>63</em>元</span></p>
</a>
</li>
<li>
<a href="#">
<img src="img/miaosha2.jpg" />
<p class="new-miaosha-productname">优客衬衫 法兰绒 领尖扣 男款 灰色铅笔条</p>
<p class="new-miaosha-oldprice">￥298</p>
<p class="pr"><span class="new-miaosha-saleprice">￥158</span>
<span class="new-miaosha-afterdeposit">充值后<em>79</em>元</span></p>
</a>
</li>
<li>
<a href="#">
<img src="img/miaosha3.jpg" />
<p class="new-miaosha-productname">优客内裤 莫代尔 男款 浅灰色</p>
<p class="new-miaosha-oldprice">￥78</p>
```

```
<p class="pr"><span class="new-miaosha-saleprice">￥58</span>
  <span class="new-miaosha-afterdeposit">充值后<em>29</em>元</span></p>
</a>
</li>
<li>
<a href="#">
<img src="img/miaosha4.jpg" />
<p class="new-miaosha-productname">优客家居鞋 全包华夫格防滑款 浅蓝 </p>
<p class="new-miaosha-oldprice">￥68</p>
<p class="pr"><span class="new-miaosha-saleprice">￥58</span> <span class=
  "new-miaosha-afterdeposit">
充值后<em>29</em>元</span></p>
</a>
</li>
<li>
<a href="#">
<img src="img/miaosha5.jpg" />
<p class="new-miaosha-productname">优客帆布鞋 男款 纯白色 </p>
<p class="new-miaosha-oldprice">￥298</p>
<p class="pr"><spanclass="new-miaosha-saleprice">￥218</span> <span class=
  "new-miaosha-afterdeposit">
充值后<em>109</em>元</span></p>
</a>
</li>
</ul>
</div>
<!--优客 T 恤部分-->
<img src="img/vancl_T.jpg" />
<div class="miaosha_container w4">
<ul>
<li>
<a href="#">
<img src="img/vancl_T1.jpg" />
</a>
</li>
<li>
<a href="#">
<img src="img/vancl_T2.jpg" />
<div>
</div>
</a>
</li>
<li>
<a href="#">
<img src="img/vancl_T3.jpg" />
</a>
</li>
<li>
<a href="#">
<img src="img/vancl_T4.jpg" />
</a>
</li>
</ul>
</div>
<!--新品推荐部分-->
<img src="img/xpt.jpg" />
```

```
<div class="miaosha_contoiner w4">
<ul>
<li>
<a href="#">
<img src="img/xpt1.jpg" />
</a>
</li>
<li>
<a href="#">
<img src="img/xpt2.jpg" />
<div>
</div>
</a>
</li>
<li>
<a href="#">
<img src="img/xpt3.jpg" />
</a>
</li>
<li>
<a href="#">
<img src="img/xpt4.jpg" />
</a>
</li>
</ul>
</div>
```

需要把列表横向排列，并设置相应的边距和新旧价格的样式。先前价格需要line-through，目前的价格需要设置为红色，充值后的价格字体需要变大加粗。只要清楚需要对哪些部分进行设置，如何设置，并了解每部分之间的关系，是否有相同或者相似的地方，这样，在设置样式的时候，只需要给相同的地方起一样的类名，就能在设置样式时，统一使用这个类名。对于每日秒杀部分、优客 T 恤部分、新品推荐部分，它们有相同的地方，所以大家可以一起进行统一管理，统一设置。其 CSS 代码如下。

```
/*每日秒杀、优客 T 恤、新品推荐三部分*/
.miaosha {width: 100%;margin: 0 auto;}
.miaosha_container {width: 1200px;color: #474747;font-weight: bold;margin: 0 auto;font-family: "Microsoft YaHei";}
.miaosha_container ul {overflow: hidden;margin: 10px 0 0 0;padding: 0;width: 1210px;}
.miaosha_container ul li {float: left;width: 232px;margin-right: 10px;}
.miaosha_container ul li img {width: 100%;}
.new-miaosha-productname {font-size: 16px;margin-top: 10px;height: 45px;font-weight: normal;}
.new-miaosha-oldprice {display: block;color: #d3d3d3;font-size: 14px;
text-decoration: line-through;font-weight: normal;}
.new-miaosha-saleprice {display: block;color: #bb2b34;font-size: 16px;}
.new-miaosha-afterdeposit {position: absolute;right: 10px;bottom: 0;font-size: 16px;font-weight: normal;}
.new-miaosha-afterdeposit em {font-size: 24px;font-style: normal;color: #bb2b34;font-weight: bolder;}
.w4 ul li {width: calc(100% / 4 - 10px) !important;}
.wt ul,.w4 ul {width: 100%;}
.wt ul li {width: calc(100% / 3 - 10px) !important;}
```

然后预览效果，发现 li 下面所有的图片和文本介绍都横向排列，我们也可以通过 table 表格来进行布局，但是在 div 下使用无序列表或有序列表会更加美观，更容易统一进行管理和操作。其中，width 属性的值我们设置为 calc(100% / 4-10px)，是通过计算的方式均分每个 li 块的宽度，共有 4 个 li，这样通栏宽度除以 4，也就是每个的宽度了。这种计算方式更加准确无误，而且可以动态地适应各种大小的窗口。

比较复杂的就是优选推荐部分，大家会发现图片大小不一，占用整个页面的面积也不同，如果使用表格设置，虽然也可以实现，但不够灵活。在布局方面，div 会更加灵活多变并易于控制，那么我们把每个图片部分及文本介绍部分分别使用 div 包好。HTML 代码如下。

```
<!--优选推荐-->
<p class="tc">优选推荐</p>
<div class="container_w3">
<div class="w3left"><img src="img/youxuan1.jpg">
<p class="pr br1">
<span class="leftw3 pa">吉國武衬衫</span>
<span class="rightw3 pa">充值购买更优惠</span>
</p>
</div>
<div>
<div class="w3center">
<div>
<img src="img/youxuan2.jpg" />
<p class="pr br1">
<span class="leftw3 pa">新品到货</span>
<span class="rightw3 pa">充值购买更优惠</span>
</p>
</div>
<div style="margin-top: 20px;">
<img src="img/youxuan3.jpg" />
<p class="pr br1">
<span class="leftw3 pa">POLO</span>
<span class="rightw3 pa">充值购买更优惠</span>
</p>
</div>
</div>
</div>
<div class="w3right">
<img src="img/youxuan4.jpg" />
<p class="pr br1">
<span class="leftw3 pa">运动户外</span>
<span class="rightw3 pa">充值购买更优惠</span>
</p>
</div>
</div>
<div class="container_w3">
<div class="w3left"><img src="img/youxuan5.jpg">
<p class="pr br1">
<span class="leftw3 pa">夏日休闲短袖衬衫</span>
<span class="rightw3 pa">充值购买更优惠</span>
</p>
</div>
<div>
<div class="w3center">
<div>
<img src="img/youxuan6.jpg" />
<p class="pr br1">
```

```
<span class="leftw3 pa">纳米防污 T 袖</span>
<span class="rightw3 pa">充值后相当于 199 元</span>
</p>
</div>
<div style="margin-top: 20px;">
<img src="img/youxuan7.jpg" />
<p class="pr br1">
<span class="leftw3 pa">潮鞋来袭</span>
<span class="rightw3 pa">充值购买更优惠</span>
</p>
</div>
</div>
</div>
<div class="w3right">
<img src="img/youxuan8.jpg" />
<p class="pr br1">
<span class="leftw3 pa">沙滩裤</span>
<span class="rightw3 pa">2 件 8 折   3 件 7 折</span>
</p>
</div>
</div>
```

预览时发现出现字体叠加和图片排列错乱，相比效果图有很大的差别，这是因为我们没有对这一部分进行样式设置。其 CSS 代码如下。

```
/*优选*/
.tc {text-align: center;color: #9A9A9A;font-size: 16px;margin: 20px 0;}
.container_w3 {width: 100%;}
.w3left {float: left;width: 580px;}
.w3left img {width: 100%;}
.br1 {top: -4px;border-left: 1px solid rgba(0, 0, 0, 0.1);border-right: 1px solid rgba(0, 0, 0, 0.1);
border-bottom: 1px solid rgba(0, 0, 0, 0.1);padding: 28px 0;}
.leftw3 {top: 20px;left: 10px;}
.rightw3 {top: 20px;right: 10px;color: #D90009;font-weight: 700;}
.w3center {margin: 0 20px;width: 290px;float: left;}
.w3right {width: 286px;float: left;}
```

预览后发现和效果图一致，由此可以看出使用 div 来进行布局是多么的方便。在代码中 rgba(0,0,0,0.1)是用来调色的，其中前三个值代表红、绿、蓝，取值范围是从 0 到 255 的整数或 0%到 100%之间的百分比数；第四个值是透明度，范围为 0.0 到 1.0 之间，0.5 为半透明，0.0 是完全透明，1.0 是不透明，本次设置的是非透明的黑色。

后面是下装推荐部分和更多推荐部分，发现这两个部分和前面每日秒杀部分的布局方式是一样的，HTML 代码如下。

```
<!--下装推荐-->
<p class="tc">下装推荐</p>
<div class="miaosha_container w4">
<ul>
<li>
<a href="#">
<img src="img/xiazuang1.jpg" />
<p class="pr br1">
<span class="leftw3 pa">休闲裤</span>
<span class="rightw3 pa">充值购买相当于 79 元起</span>
```

```html
</p>
</a>
</li>
<li>
<a href="#">
<img src="img/xiazhuang2.jpg" />
<p class="pr br1">
<span class="leftw3 pa">牛仔裤</span>
<span class="rightw3 pa">充值购买相当于 79 元起</span>
</p>
<div>
</div>
</a>
</li>
<li>
<a href="#">
<img src="img/xiazhuang3.jpg" />
<p class="pr br1">
<span class="leftw3 pa">针织裤</span>
<span class="rightw3 pa">充值购买相当于 49 元起</span>
</p>
</a>
</li>
<li>
<a href="#">
<img src="img/xiazhuang4.jpg" />
<p class="pr br1">
<span class="leftw3 pa">女裤</span>
<span class="rightw3 pa">充值购买相当于 79 元起</span>
</p>
</a>
</li>
</ul>
</div>
<div class="clear"></div>
<!--更多推荐-->
<p class="tc">更多推荐</p>
<div class="miaosha_container wt">
<ul>
<li>
<a href="#">
<img src="img/jingpin1.jpg" />
</a>
</li>
<li>
<a href="#">
<img src="img/jingpin3.jpg" />
<div>
</div>
</a>
</li>
<li>
<a href="#">
<img src="img/jingpin5.jpg" />
</a>
</li>
```

```
<li>
<a href="#">
<img src="img/jingpin2.jpg" />
</a>
</li>
<li>
<a href="#">
<img src="img/jingpin4.jpg" />
</a>
</li>
<li>
<a href="#">
<img src="img/jingpin6.jpg" />
</a>
</li>
</ul>
</div>
```

预览后，我们发现和效果图是一样的，这是因为布局方式和每日秒杀的布局方式是一致的，而且我们所使用的类名也是一样的，所以此处就不用重复进行设置了。

最后是主体部分中的底部区域，主要包含 4 块内容，有客服热线、7 天退货、二维码扫描以及下面的导航内容，在这里就轻车熟路了，我们仍然使用 div 下的 ul 列表进行布局。HTML 代码如下。

```
<!--底部-->
<div class="vanclFoot" style="margin-top:0px;">
<div class="vanclCustomer publicfooterclear">
<ul>
<li>
<a href="#">
<p class="onlineCustomer"><img src="img/online.png" style="width:auto;height:auto;"></p>
<p class="onlineTime"> 7×9 小时在线客服</p>
</a>
</li>
<li>
<a href="#">
<p class="seven"><img src="img/online2.png" style="width:auto;height:auto;"></p>
<p> 7 天内退货</p>
<p> 购物满 199 元免运费</p>
</a>
</li>
<li class="twocode">
<p><img src="img/online_Client.jpg" style="width: 104px; height: 104px;"></p>
<p> 扫描下载<em style="color: firebrick;font: bolder;">优客</em>客户端</p>
</li>
</ul>
</div>
<div class="vanclOthers publicfooterclear">
<ul>
<li>
<a href="#" target="_blank">关于优客</a>
</li>
<li>
```

```
<a href="#" target="_blank">新手指南</a>
</li>
<li>
<a href="#" target="_blank">配送范围及时间</a>
</li>
<li>
<a href="#" target="_blank">支付方式</a>
</li>
<li>
<a href="#" target="_blank">售后服务</a>
</li>
<li class="none">
<a href="#" target="_blank">帮助中心</a>
</li>
</ul>
</div>
</div>
</div>
```

对于这一部分，直接进行 CSS 样式设置。

```
/*底部*/
.vanclFoot {overflow: hidden;width: 1118px;height: 282px;margin: 0px auto;padding: 0px 40px 0px;
border: 1px solid #e0e0e1;font-family: "Microsoft YaHei";margin-bottom: 25px;}
.vanclCustomer {margin: 33px 0px 23px;overflow: hidden;}
.vanclCustomer ul li {width: 370px;height: 138px;border-right: 1px solid #e0e0e1;margin-right: 0px;float:
left;}
.twocode,.none {border: none    !important;}
.vanclCustomer ul li p {text-align: center;font-size: 14px;color: #727171;line-height: 26px;}
.vanclOthers {height: 26px;padding: 17px 0px 14px;background: #f8f8f8;width: 100%;margin: 0;}
.vanclOthers ul li {padding: 0px 65px;line-height: 26px;border-right: 1px solid #dadadb;width: auto;
text-align: center;margin-right: 0px;float: left;}
```

预览整个主体的9个部分，发现和效果图是完全一致的，至此，主体的9个部分的HTML
和 CSS 样式设置就做好了，下面进行底部的开发。

8.2.3 底部部分及快捷操作部分

底部部分包含两块内容，一部分是版权，另一部分是网站的安全保障 logo 图片，同样
可以使用两个 div 分别包含这两块内容。HTML 代码如下。

```
<!--底部 footer-->
<div class="footerArea">
<div class="footBottom">
<div class="footBottomTab">
<p> Copyright 2007 - 2018 youcl.com All Rights Reserved 粤 ICP 证 101535 号 粤公网安备
11011502002400 号 出版物经营许可证新出发粤批字第直 110478 号</p>
<p> 优客（深圳）科技有限公司</p>
</div>
</div><span class="blank20"></span>
<div class="subFooter">
<a rel="nofollow" href="#" class="redLogo" target="_blank"></a><span class="customeOrg"></span>
```

```
<a rel="nofollow" href="#" class="wsjyBzzx" target="_blank"></a>
<a rel="nofollow" href="#" class="vanclMsg" target="_blank"></a>
<a class="vanclqingNian" href="#" rel="nofollow"></a>
<a href="#" style="display: inline-block;" target="_blank"><img style="width: 120px; height: 39px;"
src="img/footer6.jpg"></a>
<div class="blank0"></div>
</div>
</div>
```

下面设置其 CSS 样式，文本内容居中显示，安全保障图片横向排列居中显示。CSS 文件如下。

```
/*第三大部分 底部 footer*/
.footBottom {width: 100%;height: auto;margin: 0px auto;border-top: 1px solid #3e3a39;}
.footBottomTab {width: 1200px;height: auto;margin: 10px auto;}
.footBottomTab p {text-align: center;line-height: 25px;color: #3e3a39;font-family: "Microsoft YaHei";}
.blank20 {display: block;width: 100%;height: 20px;line-height: 0px;font-size: 0px;clear: both;overflow:
hidden;}
.subFooter {width: 980px;margin: 0px auto 25px;text-align: center;}
.redLogo {background: url(../img/footer1.png) no-repeat 0 0 transparent;background-size: 100% 100%;
display: inline-block;height: 42px;width: 113px;}
.subFooter a,.subFooter span {margin: 0 10px;}
.wsjyBzzx {background: url(../img/footer2.png) no-repeat 0 0 transparent;background-size: 100% 100%;
display: inline-block;height: 42px;width: 96px;}
.vanclMsg {background: url(../img/footer3.png) no-repeat 0 0 transparent;background-size: 100% 100%;
display: inline-block;height: 42px;width: 101px;}
.vanclqingNian {background: url(../img/footer4.png) no-repeat 0 0 transparent;background-size: 100% 100%;
display: inline-block;height: 42px;width: 101px;}
.blank0 {display: block;width: 100%;height: 0px;line-height: 0px;font-size: 0px;clear: both;overflow:
hidden;}
```

这里，我们把图片 logo 作为背景图片，其中有个属性值是 transparent，是背景透明的意思，其实对于背景其默认值就是透明，不过设置这个值就可以在以后使用 js 时，起到屏蔽的作用，后面大家会了解到 js 的使用，在此就不做具体介绍了。

还有最后图片定位部分，就是在效果图右下角，无论上下滚动条如何滚动，图标位置一直保持不变。HTML 代码如下。

```
<div class="BayWindow" style="position: fixed; right: 10px; bottom: 20px; z-index:10">
<img src="img/fixed.png" />
</div>
```

代码比较简单，这里就直接使用 CSS 行内样式，直接通过固定定位，把图片定位到距离底部 20px、右端 10px 处，无论页面如何滚动，定位图标都不会改变。那么到这里，我们整个的优客商城商业网站就完成了。

8.2.4 相对路径和相对于根目录路径

在相对路径和绝对路径中，../表示返回上一级，因为 css 文件在 css 文件夹下，图片在 img 文件夹下，那么 layout.css 就需要返回上一级找到 img 文件夹才能找到相应的图片。直接文件夹名或是./开头表示当前目录，因为 index.html 和 img 文件夹平级。不管是带../还是不带，这种写法都叫相对路径；另一种叫相对于根目录路径，它的写法必须以/开始，意思是从根目录开始一级一级向下查找，不管在哪里，要使用 pic4.gif 这个图片，路径都必须是/img/pic4.gif；还有一种写法叫绝对路径，是以 http://加域名开始的。

使用相对路径时，当根目录放到一个二级目录下时，文件仍然可以正常访问。而使用相对于根目录路径时，当其中一个页面放到其他位置时，照样能关联相关的图片和其他文件。例如：本例如果用相对于根目录路径的话，把 index.html 放到一个文件夹下后，还是可以正常访问的。总之两种方法各有优劣，可以根据需要采用一种合适的方法。相对路径和相对于根目录路径是可以相互更改的，大家可以根据自己的需要进行相应的运用。

【单元小结】

- 商业网站设计过程中，一定要分清楚网站的整体结构布局方式。
- 网页布局结构一般是上中下或左中右形式，其任意一部分可以包含更小的布局结构。

【单元自测】

1. 单个网页的整体布局一般通过(　　)来实现。
   A. Table　　　　　　　　　　B. table+元素属性
   C. CSS　　　　　　　　　　　D. CSS+DIV
2. 如何让设置了浮动的元素不脱离整个框架？(　　)
   A. clear:left　　　　　　　　B. clear:right
   C. clear:both　　　　　　　　D. clear:auto
3. 以"/"开头的路径称为(　　)。
   A. 根相对路径　　　　　　　　B. 相对于当前网页的路径
   C. 绝对路径　　　　　　　　　D. 系统路径

【上机实战】

上机目标

使用 CSS+DIV 实现网页布局。

上机练习

◆ 第一阶段 ◆

练习 1：使用 CSS+DIV 实现个人主页

【问题描述】

需要实现的个人主页如图 8-4 所示。

图 8-4　需要实现的个人主页

【问题分析】

该网页存在左右边距且所有内容水平居中显示，宽度为 700px。整个页面明显分为上、中、下三部分，其中中间部分又分为左右两部分。可以先设置布局，后调整细节。

【参考步骤】

(1) 按上中下结构设计 index.html 页面的内容代码如下。

```
<!DOCTYPE html>
<head>
    <title>个人主页</title>
    <meta charset="utf-8" />
    <link rel="stylesheet" href="css/skin.css"/>
</head>
<body>
<div id="container">
<div id="banner">
<img src="images/banner1.jpg" border="0">
```

```
</div>
<div id="links">
<ul>
<li>首页</li>
<li>心情日记</li>
<li>Free</li>
<li>一起走到</li>
<li>从明天起</li>
<li>纸飞机</li>
<li>下一站</li>
</ul>
<br>
</div>
<div id="leftbar">
<p><img src="images/selfpic1.jpg" class="pic1">
<br>我的日记本</p>
<p class="leftcontent">秋天过半的时候，我搭上了一列火车。我不知道它将要去往的方向，那铁路
    看上去无休无止地延伸着。</p>
<p><img src="images/selfpic2.jpg" class="pic1">
<br>心情轨迹</p>
<p class="leftcontent">无意间发现，白云的上面，长着许多多的蒲公英。它在我面前迅速地长
大，风吹过的时候，纷纷升起，飞向无尽的远方。</p>
</div>
<div id="content">
<h4>介绍</h4>
<p>火车经过一个又一个站台，窗外漫卷的蒲公英向我微笑着。我逐渐记起了自己旅行的目的，一
直都在下一站的前方。火车缓缓地驶入站台，汽笛声响的那一瞬间，车厢变得透明，我看见，自己
和这长长的列车一起，正在漫天飘舞着的蒲公英中飞行。</p>
<h4>转播设备</h4>
<p>我现在是在万泉河附近，我们的转播车就在旁边不远的地方，师傅马上将会把车开过来。我们
的转播设备非常的先进，具体怎么先进我也说不清，师傅比我清楚，总之就是特别特别先进。好，
现在师傅已经把转播车开过来了。&hellip;&hellip;
</p>
<h4>旅程</h4>
<p>夕阳 染红蓝天<br>
带走 美好的一天<br>
风 吹过大地<br>
炫美的世界<br>
<br>
霞光 点亮星辰<br>
燃起 辽远的梦幻<br>
流星 划过夜空<br>
忆起 逝夜的歌声<br>
<br>
是谁昨夜背上行囊<br>
唱一首满载风尘的歌<br>
今夜才又想起拥抱的时刻<br>
<br>
独自走的一段旅程<br>
是否还装满苦涩<br>
一路风雨飘摇 那坎坷对谁说<br>
<br>
来吧看这远处亮起的点点星火<br>
伸手触摸那写在匆匆旅程的歌<br>
谁在转过的街口从容挥手<br>
谁用欢笑和拥抱<br>
```

```
记住这一刻
</p>
</div>
<div id="footer">版权所有 2006.12.7 Next Station</div>
</div>
</body>
</html>
```

(3) 修改 skin.css 文件, 设置整体的 margin、padding、文字对齐和背景色。

```
html,body{
margin:0px; padding:0px;
text-align:center;
background:#e9fbff;
}
```

(4) 使用相对定位将整个网页的内容水平居中显示,也就是把 id 为 container 的 DIV 水平居中显示。

```
#container{
position: relative;
margin: 0 auto;
padding:0px;
width:700px;
text-align: left;
background:url(../images/container_bg.jpg) repeat-y;
}
```

(5) 设置最上面的图片及导航条样式。

```
#banner{
margin:0px; padding:0px;
}
#links{
font-size:12px;
margin:-18px 0px 0px 0px; /*上 margin 一定要设置为负值*/
padding:0px;
position:relative;
}
#links ul{
list-style-type:none;
padding:0px; margin:0px;
width:700px;
}
#links ul li{
text-align:center;
width:100px;
display:block;
float:left;
}
#links br{
display:none;
}
```

(6) 设置中间部分左边名为 leftbar 的 DIV 的样式。

```
#leftbar{
```

```
background-color:#d2e7ff;
text-align:center;
font-size:12px;
width:150px;
float:left;
padding-top:20px;
padding-bottom:30px;
margin:0px;
}
#leftbar p{
padding-left:12px; padding-right:12px;
}
```

(7) 设置中间主要内容，也就是名为 content 的 DIV 的样式。

```
#content{
font-size:12px;
float:left;
width:550px;
padding:5px 0px 30px 0px;
margin:0px;
background:url(../images/bg1.jpg) no-repeat bottom right;
}
#content p, #content h4{
padding-left:20px; padding-right:15px;
}
```

(8) 设置底部的 footer 的样式。

```
#footer{
clear:both;
font-size:12px;
width:100%;
padding:3px 0px 3px 0px;
text-align:center;
margin:0px;
background-color:#b0cfff;
}
```

(9) 调整内容，显示细节的样式。

```
.pic1{
border:1px solid #00406c;
}
p.leftcontent{
text-align:left;
color:#001671;
}
h4{
text-decoration:underline;
color:#0078aa;
padding-top:15px;
font-size:16px;
}
```

(10) 运行网页，结果如图 8-4 所示。

◆ 第二阶段 ◆

练习 2：使用上中布局，实现如图 8-5 所示的网页

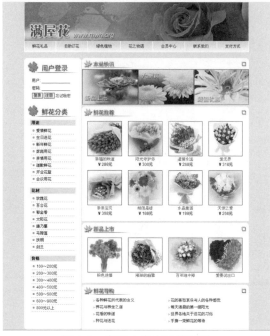

图 8-5　实现上中布局的网页

【拓展作业】

实现如图 8-6 所示的页面。

图 8-6　需实现的页面

单元 **九**

应用 DIV+CSS 设计

商业网站(移动端)

 **课程目标**

▶ 了解移动端开发模式

▶ 掌握媒体查询

▶ 掌握如何使用 DIV 和样式表布局

▶ 掌握如何使用媒体查询进行响应式布局

 **简 介**

在前面，相信大家已经可以使用 DIV+CSS 设计出漂亮的网页了。不过，随着移动设备的普及，大家上网的方式发生了巨大变化。以前想登录网站，看点信息，都需要通过电脑来看，现在，大家可以随时随地通过自己手中的智能手机或 ipad 来看世界。设备的变化，使得我们在网站的设计方面，无论从样式还是可用性来讲，只适合电脑桌面显示的网站已经难以满足用户日益增长的需求了。那么，在设计网站的时候就必须同时考虑多种屏幕尺寸和用户体验的问题。

相信大家也有自己的思考，但可能对于某些方面还是没有明晰的头绪，那么接下来就和大家一起进入移动端设计商业网站的绚烂世界。

9.1 viewport

在移动互联网普及之前，大部分网站还是通过 PC 端浏览器作为标准而进行设计的。随着 2014 年智能手机的普及和 4G 通信标准的使用，移动互联网进入高速发展期。这时网站的页面设计就需要同时兼容 PC 端和移动设备端这两种页面标准。因为移动设备端的显示区域远比电脑的显示区域小，所以当按照 PC 端标准设计的网站，在移动设备进行浏览时常常会出现一些显示问题。

为了让手机网页也能获得良好的浏览体验，苹果公司通过在 Safari 浏览器中定义 viewport 属性，解决了不同浏览设备中页面显示的问题。

9.1.1 什么是 viewport

viewport 属性是指网页的可视区域。viewport 中文为"视区"，在进行网页设计时，可以通过设置 viewport 来控制浏览器上的显示区域。在默认情况下，移动设备上的 viewport 是要大于浏览器可视区域的，这是因为移动设备的分辨率相对于电脑桌面来说要小一些，所以为了能在移动设备上正常显示为 PC 端设计的网站，移动设备上的浏览器都会把自己默认的 viewport 设为 980px 或 1024px(也可能是其他值，这个由设备自身所决定)，且浏览器会出现横向滚动条，那是因为浏览器可视区域的宽度是比这个默认的 viewport 的宽度要小，如图 9-1 所示。

viewport 就是让网页开发者通过其大小，动态地设置其网页内容中控件元素的大小，从而使得在浏览器上实现和 Web 网页中相同的效果(比例缩小)。如今绝大部分浏览器(即主流的安卓浏览器和 iOS 浏览器)都支持对 viewport 的控制。简单来说，大家可以用 viewport 等比放大或缩小浏览器来进行对网页视区的控制。

图 9-1　viewport 视图区

9.1.2　viewport 的语法结构

语法：

```
<meta name="viewport" content="width=device-width,initial-scale=1.0,minimum-scale=1.0,
maxmum-scale=1.0">
```

viewport 属性值及相应描述如表 9-1 所示。

表 9-1　viewport 属性值及相应描述

值	描述
width	设置 viewport 的宽度，可以为一个数值，又或者是 width-device
initial-scale	页面初始的缩放值，为数字，可以是小数
minimum-scale	允许的最小缩放值，为数字，可以是小数
maximum-scale	允许的最大缩放值，为数字，可以是小数
height	设置 viewport 的高度(一般不用设置)
user-scalable	是否允许用户进行缩放，no 为不允许，yes 为允许

9.1.3　如何使用 viewport

以下是一个页面的代码，当这个页面未设置 viewport 时，在 PC 端显示效果，如图 9-2 所示。

```
<!DOCTYPE html>
<html>
<head>
    <meta charset="utf-8" />
    <title>viewport 测试</title>
    <style type="text/css">
        html,body{font-size: 14px;}
        .div{padding: 20px;background: gold;font-size: 16px;}
```

```
                    img{width: 600px;}
            </style>
    </head>
    <body >
        <div class="div">
        viewport 就是让网页开发者通过其大小,动态地设置其网页内容中控件元素的大小,从而使得在
    浏览器上实现和 web 网页中相同的效果(比例缩小)。如今绝大部分浏览器里(即主流的安卓浏览器
    和 iOS),都支持对 viewport 的控制,简单来说,我们可以用 viewport 等比放大或者缩小浏览器来进
    行对网页视区的控制。
        </div>
        <img src="img/timg (1).jpg" />
    </body>
    </html>
```

图 9-2 未设置 viewport

通过对以上页面的 viewport 设置,进行页面视图控制。这种设置可以同时适用于 PC 端和移动端。

以谷歌浏览器(Chrome)为例,进行页面调试。首先使用谷歌浏览器打开页面,按 F12 快捷键或者单击鼠标左键,选择"检查命令",进入调试模式;单击右上角"切换设备工具栏(toggle device toolbar)"按钮进入移动端调试模式,如图 9-3 所示。进入移动调试模式后,如图 9-4 所示。

图 9-3 设备切换

在未设置 viewport 的属性时,移动端网页比例不合适,图片和字体均未能达到合适的效果。

为了让移动端显示合适的页面比例，我们可以对 viewport 进行属性设置。通常设置页面比例为 "1.0"。页面代码如下。

```
<!DOCTYPE html>
<html>
<head>
    <meta charset="utf-8" />
    <meta name="viewport" content="width=device-width,
     initial-scale=1.0,minimum-scale=1.0,maxmum-scale=1.0">
    <title>viewport 测试</title>
    <style type="text/css">
        html,body{font-size: 14px;}
        .div{padding: 20px;background: gold;font-size: 16px;}
        img{width: 600px;}
    </style>
</head>
<body >
    <div class="div">
    viewport 就是让网页开发者通过其大小，动态地设置其网页内容中控件元素的大小，从而使得在
浏览器上实现和 web 网页中相同的效果(比例缩小)。如今绝大部分浏览器里(即主流的安卓浏览器和
iOS)，都支持对 viewport 的控制，简单来说，我们可以用 viewport 等比放大或者缩小浏览器来进行
对网页视区的控制。
    </div>
    <img src="img/timg (1).jpg" />
</body>
</html>
```

如图 9-5 所示，移动端页面内容大小和 PC 端一致(比例缩小)。可以看到下面有一个横向滚动条，是因为设备宽度为 375px，而图片宽度设置的是 600px。

图 9-4　进入移动调试模式

图 9-5　设置 Viewport 后

由此可以得出，由于各设备宽度大小的差异，致使页面不能以相同像素比例显示，通过对 viewport 这一属性的设置，我们可以动态地控制其网页内容中控件元素的大小，从而

使得在浏览器上实现和 Web 网页中相同的效果(比例缩小)。

9.2 @media 媒体查询

通过 viewport 虽然可以动态控制网页大小,然而众所周知,电脑、平板、手机的屏幕差距很大,假如有一个页面,在电脑上看起来不错,但如果放到手机上,那可能就会杂乱无章,比如我们并不喜欢的横向滚动条。这时该怎么解决呢?虽然你也可以再专门为手机定制一个页面,当用户访问的时候,判断设备是手机还是电脑,如果是手机就跳转到相应的手机页面,例如百度,手机访问 www.baidu.com 就会跳转到 m.baidu.com;但是这样做对于一些简单的页面来说,就会既耗时又费力。为了解决这一问题,大家可以使用自适应写法,即一次开发,处处显示。

9.2.1 什么是@media 媒体查询

@media 媒体查询可以针对不同的媒体类型定义不同的样式。即在不同的设备条件下使用不同的样式,使页面在不同终端设备上达到不同的渲染效果,当你重置浏览器大小的过程中,页面也会根据浏览器的宽度和高度重新渲染页面,如图 9-6 所示。

图 9-6 响应式页面

9.2.2 @media 媒体查询语法

大家都知道一个网页的样式是由 CSS 控制的,所以媒体查询也是通过 CSS 控制的。
CSS 语法:

```
@media mediatype(媒体类型) and|not|only (media feature(媒体功能)) {
    写 CSS 样式
}
```

也可以针对不同的媒体使用不同的 CSS 样式：

```
<link rel="stylesheet" media="mediatype and|not|only (media feature)" href="mystylesheet.css">
```

比如在同一目录下写了三个样式文件，分别针对平板的 ipad.css，pc 的 pc.css 以及针对手机的 mobile.css；那么我们就可以在页面上把三个 css 文件都载入进去，浏览器解析时会根据所使用的设备选择合适的 css 文件。

```
<link rel="stylesheet" media="screen and (min-device-width : 641px) and (max-device-width : 1024px)" href="ipad.css">
<link rel="stylesheet" media=" screen and (min-device-width : 1025px)" href="pc.css">
<link rel="stylesheet" media=" screen and (max-device-width : 640px)" href="mobie.css">
```

 注意

　　一般 ipad 的宽度为 1024px，但是要根据实际情况，通常我们写的宽度为 641px-1024px；小于等于 640px 默认为手机端，大于 1024px 默认为 pc 端。

常见媒体类型对照如表 9-2 所示。

表 9-2　常见媒体类型

值	描　　述
all	用于所有设备
print	用于打印机和打印预览
screen	用于电脑屏幕、平板电脑、智能手机等
speech	应用于屏幕阅读器等发声设备

常见媒体功能对照如表 9-3 所示。

表 9-3　常见媒体功能

值	描　　述
aspect-ratio	定义输出设备中的页面可见区域宽度与高度的比率
color	定义输出设备每一组彩色原件的个数。如果不是彩色设备，则值等于 0
color-index	定义在输出设备的彩色查询表中的条目数。如果没有使用彩色查询表，则值等于 0
device-aspect-ratio	定义输出设备的屏幕可见宽度与高度的比率
device-height	定义输出设备的屏幕可见高度
device-width	定义输出设备的屏幕可见宽度
grid	用来查询输出设备是否使用栅格或点阵
height	定义输出设备中的页面可见区域高度
max-aspect-ratio	定义输出设备的屏幕可见宽度与高度的最大比率
max-color	定义输出设备每一组彩色原件的最大个数
max-color-index	定义在输出设备的彩色查询表中的最大条目数
max-device-aspect-ratio	定义输出设备的屏幕可见宽度与高度的最大比率
max-device-height	定义输出设备的屏幕最大可见高度
max-device-width	定义输出设备的屏幕最大可见宽度

（续表）

值	描　述
max-height	定义输出设备中的页面最大可见区域高度
max-monochrome	定义在一个单色框架缓冲区中每像素包含的最大单色原件个数
max-resolution	定义设备的最大分辨率
max-width	定义输出设备中的页面最大可见区域宽度
min-aspect-ratio	定义输出设备中的页面可见区域宽度与高度的最小比率
min-color	定义输出设备每一组彩色原件的最小个数
min-color-index	定义在输出设备的彩色查询表中的最小条目数
min-device-aspect-ratio	定义输出设备的屏幕可见宽度与高度的最小比率
min-device-width	定义输出设备的屏幕最小可见宽度
min-device-height	定义输出设备的屏幕的最小可见高度
min-height	定义输出设备中的页面最小可见区域高度
min-monochrome	定义在一个单色框架缓冲区中每像素包含的最小单色原件个数
min-resolution	定义设备的最小分辨率
min-width	定义输出设备中的页面最小可见区域宽度
monochrome	定义在一个单色框架缓冲区中每像素包含的单色原件个数。如果不是单色设备，则值等于 0
orientation	定义输出设备中的页面可见区域高度是否大于或等于宽度
resolution	定义设备的分辨率。如：96dpi, 300dpi, 118dpcm
scan	定义电视类设备的扫描工序
width	定义输出设备中的页面可见区域宽度

例如，设置设备屏幕宽度小于 500px 的样式：

```
@media screen    and (max-width: 500px) {
样式;
}
```

9.2.3　如何使用媒体查询@media

对于响应式布局，即支持多设备打开，需要我们考虑到 PC、手机及 iPad，下面列出常用设备的分辨率。

常用 iPhone 和 Android 独立设备尺寸如表 9-4 所示。

表 9-4　主流 iPhone 和 Android 独立设备尺寸

设　备	尺　寸
iPhone5	320×480
iPhone6/ iPhone7/ iPhone8	375×667
iPhone6 Plus/ iPhone7 Plus/ iPhone8 Plus	414×736
iPhone X	375×812
OPPO FindX	360×585
OPPO R15	360×760

(续表)

设　　备	尺　　寸
Galaxy S7	360×640
vivo X20	360×640
Galaxy S8 / Galaxy S8+/ Galaxy S9/ Galaxy S9+	360×740
Nexus 5X	411×731
Nexus 6P	411×731

iPad 独立设备尺寸如表 9-5 所示。

表 9-5 iPad 独立设备尺寸

设　　备	尺　　寸
iPad Pro	1024×1366
iPad Third & Fourth Generation	768×1024
iPad Air 1&2	768×1024
iPad Mini	768×1024

在实际开发中,为了能够适配大部分设备,PC 端界面尺寸一般为 1920×1080,移动端为 640×1136px,iPad 为 1024×1366px。

图 9-7 和 9-8 中,是同一个网页在不同设备上的显示效果。

图 9-7　媒体查询实例(PC 端)　　　　图 9-8　媒体查询实例(移动端)

PC 端代码如下:

```
<!DOCTYPE html>
<html>
<head>
<meta charset="utf-8" />
<meta name="viewport" content="width=device-width, initial-scale=1.0"/>
```

```
<style>
body { font-family:"Lucida Sans", Verdana, sans-serif;}
.main img { width:100%;}
h1{ font-size:1.625em;}
h2{font-size:1.375em;}
.header { padding:1%;background-color:#f1f1f1; border:1px solid #e9e9e9;}
.menuitem {margin:4%;margin-left:0;margin-top:0;padding:4%;border-bottom:1px solid #e9e9e9;
cursor:pointer;}
.main { padding:2%;}
.right {padding:4%;background-color:#CDF0F6;}
.footer {padding:1%;text-align:center;background-color:#f1f1f1;border:1px solid #e9e9e9;
font-size:0.625em;}
.gridcontainer {width:100%;}
.gridwrapper {overflow:hidden;}
.gridbox {margin-bottom:2%;margin-right: 2%;float:left;}
.gridheader {width:100%;}
.gridmenu {width:23%;}
.gridmain {width:48%;}
.gridright {width:23%;margin-right:0;}
.gridfooter {width:100%;margin-bottom:0;}
</style>
</head>
<body>
<div class="gridcontainer">
    <div class="gridwrapper">
        <div class="gridbox gridheader">
            <div class="header">
                <h1>meida 实例</h1>
            </div>
        </div>
        <div class="gridbox gridmenu">
            <div class="menuitem">左边 1</div>
            <div class="menuitem">左边 2</div>
            <div class="menuitem">左边 3</div>
            <div class="menuitem">左边 4</div>
        </div>
        <div class="gridbox gridmain">
            <div class="main">
<h1>中间标题</h1>
<p>中间内容中间内容中间内容中间内容中间内容中间内容中间内容中间内容中间内容中间内容</p>
<img src="img/timg1.jpg" alt="Pulpit rock" width="" height="">
    </div>
        </div>
        <div class="gridbox gridright">
            <div class="right">
<h2>右边部分 1</h2>
<p>右边内容内容</p>
<h2>右边部分 2</h2>
<p>右边内容内容</p>
<h2>右边部分 3</h2>
<p>右边内容内容</p>
```

```
                </div>
            </div>
            <div class="gridbox gridfooter">
                <div class="footer">
                    <p>底部</p>
                </div>
            </div>
        </div>
    </div>
</body>
</html>
```

判断设备宽度小于 1024px 的样式(因为考虑 iPad 宽度为 1024px,所以我们默认宽度小于等于 1024px 为移动端,大于 1024px 为 PC 端),加入媒体查询样式@media 的代码如下:

```
@media only screen and (max-width: 1024px) {/*当设备宽度最大为 1024px 的时候*/
.gridmenu { width:100%;}
.menuitem { margin:1%;padding:1%;}
 .gridmain {width:100%;}
 .main {    padding:1%;}
 .gridright { width:100%;}
.right { padding:1%; }
.gridbox { margin-right:0;float:left; }
}
```

打开浏览器调到移动调试模式下,效果如图 9-8 所示,此刻 iPad 设备下也是此种效果。媒体查询@media 即可通过对不同设备类型进行不同样式的控制。

9.3　了解 em 和 rem 单位

大家知道 px(pixel)像素是长度单位,是相对于显示器屏幕分辨率而言的。用 px 设置字体大小时,比较稳定和精确。但是这种方法存在一个问题,当用户在浏览器中浏览我们制作的 Web 页面时,如果去缩放浏览器,会使 Web 页面布局被打破。这对于网站的可用性及美观度来说,无疑是一个非常大的问题。因此,人们就提出了使用“em”和“rem”来定义 Web 页面字体的想法。

9.3.1　em

em 是相对长度单位,相对于当前对象内文本的字体尺寸。若当前行内文本的字体尺寸未被人为设置,则相对于浏览器的默认字体尺寸。注意,px 是相对显示器屏幕,em 是相对于当前对象。比如有一对标签<p></p>,其样式设置如下。

```
p{
font-size:12px;
padding:1em;
}
```

这里 padding 的宽度就是相对于 p 元素 font-size 的大小，也就是 12px；若是没有定义，那就会依据浏览器的默认字体大小，浏览器默认字体大小为 16px，即 1em=16px。

 注意 ---

任意浏览器的默认字体高都是16px。所有未经调整的浏览器都符合1em=16px。那么12px=0.75em,10px=0.625em。为了简化font-size的换算，需要在CSS中的body选择器中声明Font-size=62.5%，这就使em值变为16px×62.5%=10px，这样12px=1.2em，10px=1em，也就是说只需要将原来的px数值除以10，然后换上em作为单位就行了。

所以大家在写 CSS 的时候，需要注意三点：

1. body 选择器中声明 Font-size=62.5%；
2. 将原来的 px 数值除以 10，然后换上 em 作为单位；
3. 重新计算那些被放大的字体的 em 数值。避免出现字体大小的重复声明。

9.3.2　rem

rem 是 CSS3 新增的一个相对单位(root em，根 em)，那么与 em 有什么区别呢？区别在于使用 rem 为元素设定字体大小时，虽仍然是相对大小，但相对的却是 HTML 根元素。目前，除了 IE8 及更早版本外，所有主流浏览器均支持 rem；它们之间有很多相似之处，只不过计算的规则是一个依赖根元素，另一个依赖父元素。二者都是相对单位，rem 最大的优点是能够等比例适配所有屏幕。CSS 代码如下。

```
html{
    font-size:20px;
}
.btn {
    width: 6rem;
    height: 3rem;
}
```

这里的 btn 的宽就为 6×20px=120px，高为 60px。这是根据根元素 HTML 计算出来的，即 1rem 等于根元素字体的大小。

为什么说 rem 可以等比适应所有设备呢？我们以宽度为 640px 的设备做的设计图为例，如果实际匹配的移动设备是 384px，也就是实际的设备是预设设备的 384/640=0.6 倍，大家知道 rem 是根据 HTML 根元素去计算的，假设我们设置的 HTML 的 font-size 为 20px，font-size 也会是预设设备的 0.6 倍，那么实际的 font-size 为 20×0.6=12px。在不同设备上的宽度也是这样计算的。

为了浏览器的兼容性，可以 px 和 rem 一起使用，用 px 来实现 IE6-IE8 的效果，使用 rem 来实现浏览器的效果。

9.4　应用DIV+CSS设计商业网站(移动端)

在第八单元，大家应用DIV+CSS做出了优客商城这款在PC端显示的商业网站，如图9-9所示。如今，随着移动设备的普及，移动互联的应用占比越来越高，那么如何把优客商城这款PC端的商业网站完美地展示在移动端来供用户去随时浏览呢？这时，我们只需要做好PC端到移动端的适配就好了。同样，还以优客商城为例，移动端的适配效果如图9-10所示，由于版幅原因，同样只展示部分效果。

图9-9　PC端显示效果

图9-10　移动端显示效果

通过结构布局大家可以分析出，整个页面分为搜索栏、底部固定导航、主要内容和内容底部这些部分，如图9-11所示。

移动设备分为平板电脑和手机等，为了适配大部分iPad，一般把宽度设为1024px。同样地，为了适配大部分手机，一般把宽度设为640px。那么假设设备宽度小于等于1024px就默认为移动端，大于1024px的为PC端。为了方便，我们就直接在单元八的CSS文件中定义。

```
@media only screen and (max-width:1024px ) {
/*这里写移动端样式*/
}
```

由移动端布局和PC端布局对比，可以把移动端不需要展示的元素隐藏掉。

```
@media only screen and (max-width:1024px ) {
.headtoparea,.gowuche,.navlist,.BayWindow,.vanclOthers,.last{
display: none;}
}
```

图9-11　结构布局图

移动设备宽度是不固定的，但都小于1200px，那么可以把网页固定宽度由1200px全部改为100%去适应移动设备。在进行移动端开发时，最大宽度最好用百分比设置，能够自适应设备。

```
.vanclhaad,.content,.vanclimg,.miaosha_contoiner,.vanclFoot,.subFooter,
.footBottomTab,. vanclsearch {
box-sizing: border-box;
padding: 5px;
width: 100%;
height: auto;
}
/*注释：box-sizing:border-box; 可使浏览器呈现出带有指定宽度和高度的框，并把边框和内边距放入框中。*/
```

大家发现移动端的搜索栏宽度是通栏显示的，那么就需要把宽度按照百分比设为100%，同时把父元素的宽度也改为 100%，input 框设为 100%。

```
.searcharea, .search{
width:100%;
padding: 0;
}
.searchText{
width: 100%;
box-sizing: border-box;
padding-left:5px ;
}
```

搜索栏效果如图 9-12 所示。

图 9-12 搜索栏

可以看到顶部有块空白区域，检查一下，发现搜索栏的最大的 DIV 设置了 margin 值，需要归 0，代码如下。效果如图 9-13 所示。

```
.vanclsearch {margin: 0; }
```

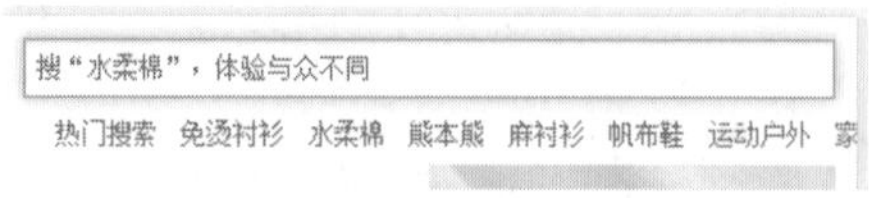

图 9-13 去除 margin 后的搜索栏

"热门搜索"设置了固定值，需要修改为自适应，代码如下。效果如图 9-14 所示。

```
.hotword{
width: auto;
}
```

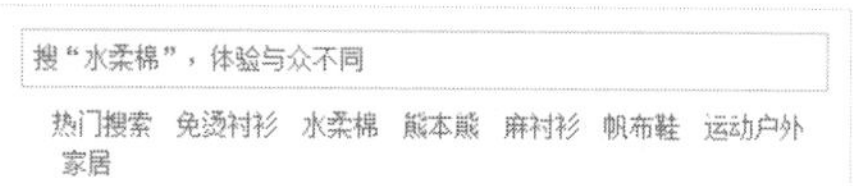
搜“水柔棉”，体验与众不同
热门搜索 免透衬衫 水柔棉 熊本熊 麻衬衫 帆布鞋 运动户外
家居

图 9-14　自适应的搜索栏

接下来设置全局图片宽度，此网页 img 宽度都可以等于父元素宽度，首先设置所有的图片宽度自适应他的父元素宽度，这样他的父元素有多宽，图片就会有多宽。一般情况下，图片高度不设置，这样方便图片根据自己的宽度而等比缩小或放大，不会导致图片变形。设置图片的宽度为 100%，即填充整个父元素。

```
img{width: 100%;}
```

刷新页面，得到如图 9-15 所示的效果。

发现页面仍有横向滚动条，因为移动端页面宽度是远小于 PC 端宽度的，页面是为 PC 端设计的，所以需要让每一部分宽度自适应。这里用的 ul 无序列表，因此需要设置 li 的宽度，调成百分比为 46%，为了防止受到前面样式的影响，因此需要添加优先级。效果如图 9-16 所示。

```
.miaosha_container ul{
width: auto;
}
.miaosha_container ul li{
width: 46% !important;
}
```

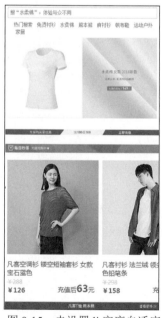

搜“水柔棉”，体验与众不同
热门搜索 免透衬衫 水柔棉 熊本熊 麻衬衫 帆布鞋 运动户外
家居
凡客空调衫 镂空短袖套衫 女款宝石蓝色
¥288
¥126
充值后63元
凡客衬衫 法兰绒 领尖色铅笔条
¥298
¥158

图 9-15　未设置 li 宽度自适应

搜“水柔棉”，体验与众不同
热门搜索 免透衬衫 水柔棉 熊本熊 麻衬衫 帆布鞋 运动户外
家居
凡客空调衫 镂空短袖套衫 女款宝石蓝色
¥288
¥126
充值后63元
凡客衬衫 法兰绒 领尖扣男款 灰色铅笔条
¥298
¥158
充值后79元

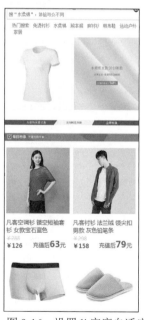

图 9-16　设置 li 宽度自适应

由于样式共用，发现到新品预售这部分都已经基本完成。下面解决优选推荐部分，如图 9-17 所示。

下面我们设置优选推荐部分的图片宽为 100%，并且文字介绍分为上下两行显示；上一章的 CSS 布局用了定位，为了减少代码改动，在此仍然使用定位。代码如下：

```
.w3center,.w3left,.w3right{
width: 100%;
margin: 0;
}
.rightw3{
left:10px;
position: relative;
}
```

可以看到优选推荐这一部分已经达到预想的效果，如图 9-18 所示。

图 9-17　未设置优选推荐自适应

图 9-18　设置优选推荐自适应

下面看到主体底部区域，大家发现主体底部区域呈竖状排列，如图 9-19 所示，需要让其横向显示，检查发现这里设置了固定的宽度，则调整为自适应，并左浮动，同时给图标一个合适的宽高。代码如下：

```
.vanclCustomer ul li{
width: 33%;
float: left;
height: 70px;
}
.twocode img{
width: 68px !important;
height: 68px !important;}
```

页面已经基本完成，还需要一个底部固定导航。大家已经会制作菜单栏了，底部图片素材如图9-20所示，这里只需加上一个固定定位。由于固定定位是相对于浏览器的，为了完整显示整个页面，底部导航需要一定空白，需要为footer设置一个上边距。代码如下：

图 9-19 未设置底部   图 9-20 底部素材

```
<!--移动端底部导航栏-->
<div class="navclear">
<a href="#"><span class="nav-home-active"></span></a>
<a href="#"><span class="nav-search"></span></a>
<a href="#"><span class="nav-Tshirt"></span></a>
<a href="#"><span class="nav-shopcart"></span> <i class="goods-num">0</i> </a>
<a href=""><span id="nav-me" class="nav-me"></span></a>
</div>
/*底部导航栏*/
footer{padding-bottom: 50px;}
.navclear{
    position: fixed;
    bottom: 0;
    max-width: 640px;
    width: 100%;
    height: 4.25rem;
    border-top: 1px solid #999;
    overflow: hidden;
    background-color: #fff;
    z-index: 999;
}
.navclear:before{
    content: '';
    display: table;
    clear: both;
```

```
    }
    .navclear a{
        position: relative;
        width: 20%;
        height: 100%;
        float: left;
        color: #999;
        text-align: center;
    }
    .nav-home-active{
        background-position: 0rem -20rem;
    }
    .nav-search {
        background-position: 0rem -4rem;
    }
    .goods-num{
        font-size: 0.8rem;
        position: absolute;
        top: 0.1rem;
        left: 3rem;
        padding: 0 0.2rem;
        height: 1rem;
        display: inline-block;
        line-height: 1.1rem;
        color: #fff;
        border-radius: 1.1rem;
        background: none;
        background-color: #b81c22;
        cursor: default;
        text-align: center;
        font-style: normal;
    }
    .nav-Tshirt {
        background-position: 0rem -8rem;
    }
    .nav-shopcart {
        background-position: 0rem -12rem;
    }
    .nav-me {
        background-position: 0rem -16rem;
    }
    .navclear span  {
        position: absolute;
        left：10px;
        width: 3rem;
        height: 4rem;
        background-image: url(../img/navBgimgNew.png);
        background-repeat: no-repeat;
        background-size: 3rem 40rem;
        overflow: hidden;
    }
```

网站已经制作完成，最后用 CSS 做一个特效，大家浏览一些商业网站时，搜索框中只有输入了内容，搜索按钮才会显示。为了实现这种效果，首先让搜索按钮隐藏，当输入内容时，就让搜索框宽度变窄，并让搜索按钮显示。这里用到了 input 的验证 valid，需要在 input 的 dom 元素中加上 required="required"，代码如下：

```
.searchBtn{
    display: none;/*默认搜索按钮隐藏*/
}
.searchText:valid{
    width: 81%;/*有内容时候搜索框的宽由之前的 100%变成 81%;
}
.searchText:valid + .searchBtn {display: block;}/*有内容时让搜索按钮显示*/
<input type="text" class="searchText fl" required="required" placeholder="搜"水柔棉"，体验与众不同"
defaultkey="水柔棉" autocomplete="off">
```

移动端网站已经全部制作完成。整个样式代码如下：

```
/*移动端*/
@media only screen and (max-width:1024px ) {
    /*把不需要的先隐藏*/
    .headtoparea,.gowuche,.navlist,.BayWindow,.vanclOthers,.last{display: none;}
    .vanclsearch{
        margin: 0;
    }
    .searcharea, .search{
        width:100%;
        padding: 0;

    }
    .hotword{
        width: auto;
    }
    footer{
        padding-bottom: 50px;
    }
    img{width: 100%;}
    /*所有宽为 1200px 的 div 均设置 100%*/
    .vanclhaad,.content,.vanclimg,.miaosha_container,.vanclFoot,.subFooter,.footBottomTab,.vanclsearch{
        box-sizing: border-box;
        padding: 5px;
        width: 100%;
        height: auto;
    }
    .searchText{
        width: 100%;
        box-sizing: border-box;
        padding-left:5px ;
    }
    .searchText:valid{
        width: 81%;
    }
```

```
.searchText:valid + .searchBtn {display: block;}
.searchBtn{
  display: none;
}
.miaosha_container ul{
  width: auto;
}
.miaosha_container ul li{
  width: 46% !important;
}
.w3center,.w3left,.w3right{
  width: 100%;
  margin: 0;
}
.rightw3{
  left:10px;
  position: relative;
}
.vanclCustomer ul li{
  width: 33%;
  float: left;
  height: 70px;
}
.twocode img{
  width: 68px !important;
  height: 68px !important;
}
/*底部导航栏*/
.navclear{
  position: fixed;
  bottom: 0;
  max-width: 640px;
  width: 100%;
  height: 4.25rem;
  border-top: 1px solid #999;
  overflow: hidden;
  background-color: #fff;
  z-index: 999;
}
.navclear:before{
  content: ";
  display: table;
  clear: both;
}
.navclear a{
  position: relative;
  width: 20%;
  height: 100%;
  float: left;
  color: #999;
  text-align: center;
```

```
        }
        .nav-home-active{
            background-position: 0rem -20rem;
        }
        .nav-search {
            background-position: 0rem -4rem;
        }
        .goods-num{
            font-size: 0.8rem;
            position: absolute;
            top: 0.1rem;
            left: 3rem;
            padding: 0 0.2rem;
            height: 1rem;
            display: inline-block;
            line-height: 1.1rem;
            color: #fff;
            border-radius: 1.1rem;
            background: none;
            background-color: #b81c22;
            cursor: default;
            text-align: center;
            font-style: normal;
            }
        .nav-Tshirt {
            background-position: 0rem -8rem;
        }
        .nav-shopcart {
            background-position: 0rem -12rem;
        }
        .nav-me {
            background-position: 0rem -16rem;
        }
        .navclear span    {
            position: absolute;
            left: 10px;
            width: 3rem;
            height: 4rem;
            background-image: url(../img/navBgimgNew.png);
            background-repeat: no-repeat;
            background-size: 3rem 40rem;
            overflow: hidden;
        }
    }
```

【单元小结】

- 移动端网页布局中可以灵活使用 rem，em，px 单位。
- 学会用媒体查询做响应式布局。

【单元自测】

1. .rem 单位是相对于(　　)的单位。

    A. html   B. 父元素

    C. 当前对象内文本   D. 浏览器

2. 浏览器的默认字体为(　　)px。

    A. 12px   B. 14pxt

    C. 16px   D. 18px

3. 下列(　　)是使设备宽度最大为 750px。

    A. @media only screen and (max-width:750px) {}

    B. @media only screen and (min-width:750px) {}

    C. @media only screen and (min-width:749px) {}

    D. @media only screen and (max-width:749px) {}

【上机实战】

上机目标

- 使用 CSS+DIV 实现移动端网页布局

上机练习

◆ 第一阶段 ◆

练习 1：使用基本的 HTML 标签制作网页

【问题描述】

1. 需要实现的新闻列表页如图 9-21 所示。

2. 尽量使用 rem 单位。

3. 最大宽度为 1024px。

【问题分析】

该网页为移动端页面，最大宽度为 1024px。整个页面明显分为上、下两部分，上面部分是一个导航栏，下面部分是一个图片加上列表。可以先设置布局，后调整细节。

【参考步骤】

(1) 新建一个 Web 项目，如图 9-22 所示，将所需的图片全部复制到 img 文件夹下，在

css 文件夹下添加 index.css 文件，在 index.html 文件中引入 css 文件。

图 9-21　需要实现新闻列表

图 9-22　新建 web 项目

(2) 按上中下结构设计 index.html 页面的内容代码如下。

```
<!DOCTYPE html>
<html>
  <head>
    <meta name="viewport" content="width=width=device-width, user-scalable=no, initial-scale=1.0,
    maximum-scale=1.0,minimum-scale=1.0">
    <meta charset="utf-8" />
    <link rel="stylesheet" href="css/css.css" />
    <title></title>
  </head>
  <body>
    <div class="contanner">
    <!--头部导航 start-->
    <header>
      <nav class="topnav_nav">
        <a class="topnav_item " href="#"><span class="topnav_s">国内</span></a>
        <a class="topnav_item " href="#"><span class="topnav_s">国际</span></a>
        <a class="topnav_item " href="#"><span class="topnav_s">社会</span></a>
        <a class="topnav_item " href="#"><span class="topnav_s">军迷圈</span></a>
        <a class="topnav_item topnav_btn" href="javascript:;"><span class="topnav_s">收起
</span></a>
      </nav>
      <nav class="topnav_nav">
        <a class="topnav_item " href="#"><span class="topnav_s">视频</span></a>
        <a class="topnav_item " href="#"><span class="topnav_s">图片</span></a>
        <a class="topnav_item " href="#"><span class="topnav_s">话题</span></a>
```

```
                <a class="topnav_item " href="#"><span class="topnav_s">时事外参</span></a>
                <a class="topnav_item " href="#"><span class="topnav_s">滚动</span></a>
        </nav>
    </header>
<!--头部导航 end-->
<!--图片和列表 start-->
<section>
    <div class="s_card">
        <!--图片部分 start-->
        <div class="banner">
            <img src="image/banner.jpg" />
        </div>
        <!--图片部分 end-->
        <a class="m_f_a" href="#" stickid="">
            <div class="m_f_div">
            <img data-direct="true" src="image/1.jpg" class="img_width finpic" alt="森山大道的巴
                黎：除了是年少时的梦想，更多是失败的经历">
            </div>
            <div class="m_f_con">
                <h2 class="m_f_con_t">森山大道的巴黎：除了是年少时的梦想，更多是失败的经历
                    </h2>
                <div> <span class="cm_mark cm_mark_r">专题</span> </div>
            </div>
            <div class="clear"></div>
        </a>
        <a class="m_f_a" href="#" stickid="">
            <div class="m_f_div">
            <img data-direct="true" src="image/2.jpg" class="img_width finpic" alt="
                32名青年汉学家"毕业"，学员归国后将继续传播中国文化">
            </div>
            <div class="m_f_con">
                <h2 class="m_f_con_t">32名青年汉学家"毕业"，学员归国后将继
                    续传播中国文化</h2>
                <div> <span class="cm_mark cm_mark_r">专题</span> </div>
            </div>
            <div class="clear"></div>
        </a>
        <a class="m_f_a" href="#" stickid="">
            <div class="m_f_div">
                <img data-direct="true" src="image/3.jpg" class="img_width finpic" alt="
                    问答|小龙虾怎么吃？营养科医生这样建议！">
            </div>
            <div class="m_f_con">
            <h2 class="m_f_con_t">问答|小龙虾怎么吃？营养科医生这样建议！</h2>
                <div class="cm_f_ic">
                    <span class="icon_com"></span>
                    <span class="m_f_con_com_n"></span>
                    <cite class="m_f_con_add">环球网</cite>
                </div>
            </div>
            <div class="clear"></div>
```

```
      </a>
      <a class="m_f_a" href="#" stickid="">
        <div class="m_f_div">
          <img data-direct="true" src="image/4.jpg" class="img_width finpic" alt="
            2018FIRST 青年电影展：让自己的脑子天马行空起来">
        </div>
        <div class="m_f_con">
          <h2 class="m_f_con_t">2018FIRST 青年电影展：让自己的脑子天马行空起来</h2>
          <div class="cm_f_ic">
            <span class="icon_com"></span>
            <span class="m_f_con_com_n"></span>
            <cite class="m_f_con_add">参考消息</cite>
          </div>
        </div>
        <div class="clear"></div>
      </a>
      <a class="m_f_a" href="#" stickid="">
        <div class="m_f_div">
          <img data-direct="true" src="image/6.jpg" class="img_width finpic" alt="
            专访｜梅婷：跟孩子在一起的时候，放下手机">
        </div>
        <div class="m_f_con">
          <h2 class="m_f_con_t">专访｜梅婷：跟孩子在一起的时候，放下手机</h2>
          <div class="cm_f_ic">
            <span class="icon_com"></span>
            <span class="m_f_con_com_n">27</span>
            <cite class="m_f_con_add">澎湃网</cite>
          </div>
        </div>
        <div class="clear"></div>
      </a>
    </div>
    <p class="theEnd">已经到底了...</p>
  </section>
  <!--图片列表 end-->
</div>
</body>
</html>
```

(3) 调整 css 文件，初始化 css 样式，将标签的 margin 和 padding 设置为 0。设置最大宽度为 1024px，并将网页居中，设置根字体为 10px，方便后面使用 rem 单位。

```
/*样式初始化*/
body,div,dl,dt,dd,ul,ol,li,h1,h2,h3,h4,h5,h6,form,input,textarea,p,th,td,html,a,ul,li,ol,section,header,footer,
nav {
    margin: 0;
    padding: 0;
}
a {text-decoration: none;color: #333;}
ul li,ol li {list-style-type: none;}
```

```
    input {font-family: inherit;font-size: inherit;font-weight: inherit;}
    html,body {width: 100%;height: 100%;font-family: "微软雅黑";color: #333;background: #fff;display:
block;max-width: 1024px;margin: auto;overflow-x: hidden;}
    html{font-size: 10px;}
```

(4) 设置总体样式和上面导航栏部分，导航栏部分背景是渐变色，background:
-webkit-linear-gradient(50deg,#838dfb,#8191f8 10%,#4fa2f1 50%,#1eabf6)。

```
    .clear{
        clear: both;
    }
    .container{
        display: block;
        height: auto;
    }
    header{
        height: 6rem;
        display: block;
        width: 100%;
        background: -webkit-linear-gradient(50deg,#838dfb,#8191f8 10%,#4fa2f1 50%,#1eabf6);
    }
    .topnav_item{
        display: block;
        font-size: 1.6rem;
        width: 20%;
        float: left;
        height: 3rem;
        line-height: 3rem;
        text-align: center;
        color: white;
    }
```

(5) 设置图片以及下面列表

```
    .banner {
        width: 100%;
    }
    .banner img {
        width: 100%;
    }
    .s_card {
        margin: 0.5rem;
        background: #fff;
        background-origin: border-box;
        position: relative;
        margin-bottom: 0;
    }
    .m_f_a {
        display: flex;
        display: block;
        position: relative;
```

```
        margin: 0.5rem 0;
        border-bottom: 1px solid #e4e4e4;
        padding: 0.4rem 0;
    }
    .m_f_div {
        float: left;
        width: 7.2rem;
    }
    .m_f_div img {
        width: 100%;
    }
    .m_f_con {
        float: left;
        display: block;
        margin-left: 0.5rem;
        width: calc(100% - 8.7rem);
    }
    .m_f_con_t {
        font-weight: 400;
    }
    .cm_mark_r {
        display: inline-block;
        padding: .2rem .4rem;
        overflow: hidden;
        text-align: center;
        background: none;
        border: 1px solid #dcdcdc;
        border-radius: .4rem;
        vertical-align: middle;
        margin-right: .1rem;
        color: #fe362c;
        border: 1px solid #fe362c;
        margin: 0.5rem;
    }
    .icon_com {
        background: url(../image/icon.png) 0 0 no-repeat;
        display: block;
        width: 1.2rem;
        height: 1.2rem;
        float: left;
        position: relative;
        top: 0.2rem;
        background-size: 100% 100%;
    }
    .cm_f_ic {
        color: #888;
        font-size: 1.2rem;
        position: absolute;
        bottom: 0.2rem;
    }
    .m_f_con_n {
```

```
        float: left;
    }
    .m_f_con_com_n {
        float: left;
    }
    .m_f_con_add {
        float: left;
        font-style: normal;
        margin-left: 1rem;
    }
    .theEnd {
        color: #888;
        font-size: 1.4rem;
        text-align: center;
        height: 3rem;
    }
```

(5) 运行网页，结果如图 9-21 所示。

◆ 第二阶段 ◆

练习 2：使用 CSS+DIV 实现移动端布局

【问题描述】

1. 根据设计图实现移动端页面。注：最大宽度为 1024px。

2. 需要实现的频道页面如图 9-23 所示。

图 9-23　需要实现的频道页面

【拓展作业】

实现如图 9-24 所示的"我的博客"页面，最大宽度为 1024px。

图 9-24　需实现的页面